AF901272

«Isidoro Tapia es un economista sobresaliente y, además, escribe muy bien. La mitigación del cambio climático y nuestra adaptación a sus consecuencias son los desafíos más formidables del siglo XXI. Sin histrionismo, con una lógica fría que sin embargo trasluce un optimismo de fondo, Tapia hace fluir por las páginas de este libro un torrente de ideas inteligentes, originales y bien documentadas que dibujan el mundo más probable de las próximas décadas. Todas la personas interesadas en saber cómo el calentamiento global va a cambiar, y está cambiando ya, nuestras vidas deberían leer esta obra.»

Maurici Lucena, presidente
y consejero delegado de AENA

«*Un planeta diferente, un mundo nuevo* está destinado a convertirse en un libro de referencia que va más allá del cambio climático y de qué podemos hacer para mitigarlo. En un estilo ameno y didáctico, ofrece una visión práctica y realista de las numerosas implicaciones que ya está teniendo y tendrá el calentamiento global en nuestras vidas, nuestras empresas, nuestras ciudades o en la política. Es una lectura imprescindible para todo aquel que quiera entender mejor las transformaciones que nos aguardan y los desafíos y las oportunidades que ello supone para nuestra sociedad.»

Emma Navarro, exvicepresidenta
del Banco Europeo de Inversiones

«Un libro brillante por su ecuanimidad. Una llamada a la acción realista y sin motivaciones ideológicas.»

Ramón González Férriz, periodista

«Con un estilo ameno pero riguroso, Isidoro Tapia nos ofrece una "tercera vía" para abordar el cambio climático: original, realista y multidisciplinar. Un libro imprescindible para entender el mayor reto al que se enfrenta la humanidad.»

Manuel García Hernández, director general
de Política Energética y Minas

«Vivimos ya en pleno cambio climático. Este libro le enseñará a mitigarlo desde los negocios, las ciudades y la política para mantenerlo dentro de unos límites tolerables. No se lo pierda, o le costará entender lo que pasa.»

Jordi Sevilla, expresidente de Red Eléctrica de España

«Isidoro Tapia aborda el cambio climático con una visión que concilia el rigor técnico y la densidad informativa con una narrativa ágil y clara que trasciende la habitual aridez de la prosa económica. Su libro ofrece una panorámica multidimensional de las principales líneas de fuerza que definen la transición ecológica global: la perspectiva económica se integra en un marco complejo donde se entrelazan también las reflexiones demográficas, históricas, políticas, urbanísticas, tecnológicas, culturales, etc., configurando así una mirada original y profunda sobre el radical cambio en curso de los patrones de convivencia en nuestro planeta como consecuencia del calentamiento climático y de las políticas de mitigación y adaptación para enfrentarlo.»

Claudio Aranzadi, exministro de Industria y Energía

«Un libro que mira el cambio climático desde la ciencia y los datos, y que sin dramatismos innecesarios advierte al lector de algo tan inquietante como estimulante: que la tecnología, la regulación y los incentivos probablemente impedirán que el cambio climático haga desaparecer nuestra civilización, pero que usted sólo será capaz de reconocer el mundo de sus nietos... porque estará viviendo en la misma casa que ellos. Una buena y fundada historia que explica cómo, además del clima, cambiarán nuestras familias, nuestros pueblos y ciudades, nuestros trabajos, las migraciones, las libertades o la democracia... en definitiva, nuestras vidas. Todo con un moderado optimismo ilustrado y unas ganas inmensas de vivir para contarlo.»

José Juan Ruíz, presidente del Real Instituto Elcano

«*Un planeta diferente, un mundo nuevo* aborda un tema tan relevante para la humanidad y el planeta como es el cambio climático, de forma muy original (combinando la historia de una familia multicultural con perspectiva intergeneracional), amena (lleno de ejemplos y analogías), ponderada (no busca enfrentamientos ni transmite acritud) e inteligente (centrándose en los fundamentos económicos y sociales). El libro engancha y se lee de un tirón, sin embargo cala hondo ya que deja reflexionando sobre temas trascendentales, cambia la perspectiva sobre los distintos aspectos e implicaciones del cambio climático y abre nuevos ámbitos de reflexión, incluso para aquellos que venimos trabajando sobre este tema desde hace años. Un libro que es mucho más que un libro sobre cambio climático y que se quedará en mi biblioteca lleno de anotaciones para ser releído.»

Iván Martén, socio senior emeritus,
Boston Consulting Group

«El cambio climático es seguramente el tema más importante de nuestro tiempo y lo seguirá siendo durante los próximos años y aun décadas. Partiendo de un análisis esclarecedor de la situación del calentamiento global y alejándose de las profecías cataclísmicas tan del gusto de muchos de los que, con buena razón, nos previenen de los peligros del mismo, Isidoro Tapia en *Un planeta diferente, un mundo nuevo* hace un recorrido lúcido de todos los otros grandes temas de nuestro tiempo analizando el efecto del cambio climático en el surgimiento de los mismos y su previsible influencia en la evolución futura.

El autor nos lleva de una manera amena y erudita a través de las reflexiones que le sugieren desde la incidencia del calentamiento global sobre las presentes tendencias del envejecimiento de la población, la reducción de la tasa de natalidad prácticamente universal o la nueva configuración de las familias hasta los efectos del mismo sobre las empresas, la actividad económica sujeta a los cambios impuestos por el ahorro energético, la electrificación de los transportes terrestres, los efectos negativos que pueden tener estos cambios sobre la igualdad y la solidaridad social y, por tanto, de manera creciente en la agenda política. Los avances en la inteligencia artificial llevan a Isidoro Tapia a reflexionar sobre la calidad de la democracia en estas circunstancias y la posible conveniencia de desarrollar en este contexto de cambio climático lo que algunos llaman ya un "capitalismo vigilado". En suma, un libro importante que nos ayuda a entender el significado de la miríada de cambios grandes y menos grandes que estamos viviendo en medio del cambio climático y los que se avecinan incluso si, como espera el autor, la humanidad consigue en las próximas décadas contrarrestar el cambio climático que ella misma puso en marcha.»

Carlos Solchaga, exministro de Economía y Hacienda

Un planeta diferente, un mundo nuevo

Un planeta diferente, un mundo nuevo

Cómo el calentamiento global está cambiando nuestra vida cotidiana

ISIDORO TAPIA

EDICIONES DEUSTO

© Centro de Libros PAPF, SLU., 2021
Deusto es un sello editorial de Centro de Libros PAPF, SLU.
Av. Diagonal, 662-664
08034 Barcelona

www.planetadelibros.com

ISBN: 978-84-234-3251-6
Depósito legal: B. 5.143-2021
Primera edición: mayo de 2021
Preimpresión: Realización Planeta
Impreso por CPI (Barcelona)

Impreso en España - *Printed in Spain*

El papel utilizado para la impresión de este libro está calificado como **papel ecológico** y procede de bosques gestionados de manera **sostenible**.

A Mónica, por todo

Sumario

Introducción

«Los libros sobre cambio climático no se leen» fue la primera reacción de mi editor cuando le propuse escribir uno. «Acabamos de publicar a Nordhaus, que es flamante premio Nobel, y sólo ha despertado un interés menor. Ni siquiera el de Greta ha tenido la acogida que esperábamos. Pese a su importancia, los libros sobre cambio climático no se leen.» Me lo dijo como si fuese una verdad más que conocida en el sector. Como aquella que dice que los coches amarillos se venden menos o que las mejores viviendas están orientadas al sur.

Mi respuesta instintiva fue echar mano de la misma frase socorrida de otros autores en circunstancias parecidas, la que también se oye entre los crujidos de un matrimonio en dificultades o entre banqueros centrales cuando llega una nueva crisis financiera: «Esta vez es diferente».

Pero me callé. La sombra de Nordhaus y de Greta Thunberg era demasiado alargada como para pasarla por alto. En ese momento, sólo fui capaz de improvisar algunas explicaciones poco convincentes. Que, a pesar de ello, este libro haya visto la luz habla sobre todo del compromiso de la editorial con respecto a este tema.

Un año y muchos borradores después, me sigo haciendo la misma pregunta: ¿es este libro diferente? Más que diferente, y aun a riesgo de pecar de presuntuoso, me atrevería a decir que es distinto: en el fondo, éste no es un libro *sobre* el cambio climático, sino *desde* él. No es un matiz menor.

Casi siempre abordamos el cambio climático como un punto de llegada. Por ejemplo, describiendo cómo será el planeta dentro de varias décadas, en 2030, 2050 o a finales de siglo. Las imágenes más habituales son inundaciones, olas de calor o deforestaciones. Para hablar del cambio climático, normalmente viajamos al futuro.

En este libro, en cambio, el cambio climático será el punto de partida. Hablaremos del cambio climático desde el presente. No sólo porque ya está ocurriendo, sino porque es inevitable que durante las próximas décadas nuestro planeta siga calentándose: la temperatura media se ha incrementado en más de 1 °C, en algunas regiones en más de 2 °C. Y seguirá haciéndolo en los próximos años debido al CO_2 acumulado en la atmósfera y en los océanos, y el que está inserto en nuestros sistemas productivos, que no pueden transformarse de la noche a la mañana.

Eso no significa que todo esté perdido y haya que bajar los brazos, al contrario. Es necesario un esfuerzo gigantesco de Gobiernos, empresas y ciudadanos para evitar los peores escenarios climáticos, aquellos que ponen en riesgo la vida sobre el planeta. Pero incluso si tenemos éxito (y en mi opinión aún estamos a tiempo de lograrlo), nuestra vida cambiará para siempre.

En el fondo, diría ahora si tuviese aquella misma conversación, éste no es un libro sobre el cambio climático, sino sobre lo que viene después: sobre cómo cambiará —cómo lo está haciendo ya— nuestra vida cotidiana.

El primer capítulo sí repasa, aunque someramente, los fundamentos científicos del cambio climático, la abrumadora evidencia disponible sobre la relación entre las emisiones de CO_2 y el calentamiento del planeta, y analiza las causas de lo que se ha denominado el «mayor fallo de mercado de la historia».

Pero a partir de ahí dejaremos de lado las causas para centrarnos en las consecuencias del cambio climático. En el segundo capítulo nos centraremos en los efectos sobre nuestras familias: el calentamiento global está acelerando tendencias que ya estaban en marcha, como la caída de la natalidad, el envejecimiento de la población y el incremento de los flujos migratorios, mientras que aparecerán otras nuevas, como la corresidencia entre generaciones (abuelos, hijos y nietos convivirán a menudo dentro de una misma vivienda) o los episodios de confinamiento.

El capítulo 3 está dedicado a las empresas: qué negocios prosperarán con el calentamiento global, entre ellos los vehículos eléctricos, el ahorro energético o las tecnologías renovables, y cuáles, en cambio, deberán transformarse para sobrevivir. Nos detendremos también en el papel que los fondos de inversión están teniendo en el nivel de ambición climática de las empresas en las que participan, y en los ajustes necesarios en el seno de las organizaciones.

El capítulo 4 analizará los cambios en nuestras ciudades. Alrededor del 50 por ciento de la población mundial es urbana, porcentaje que podría incrementarse hasta el 70 por ciento en 2050, y hasta el 90 por ciento a finales de siglo. Mientras se produce este fenómeno global de desplazamiento a las grandes urbes, las ciudades se están transformando por dentro, convirtiéndose en mucho más policéntricas. Los cambios en el transporte y el desarrollo de la generación eléctrica distribuida multiplicarán los espacios públicos, disminuyendo la congestión del tráfico y difuminando los contornos entre barrios de oficinas y residenciales, como también desaparecerán las «horas punta» gracias a la mayor flexibilidad de los horarios laborales.

Finalmente, el capítulo 5 se fijará en la política. La cuestión climática moldeará —lo está haciendo ya— los principales temas de discusión pública, no sólo en lo que se refiere a las políticas climáticas en sí mismas, sino también (y sobre todo) a cuestiones como el tamaño del Estado, la inmigración, el papel de la juventud, la desigualdad social o la privacidad. La discusión política se centrará en los próximos años en aspectos más básicos y radicales —más cercanos a la raíz—, más abstractos, agudizando las divisiones sociales y la polarización que ya se manifiesta en muchos países.

A lo largo de este recorrido nos acompañará una familia: el matrimonio compuesto por Samir e Irina (de origen sirio y ucraniano, respectivamente), su hijo Rodrigo (nacido en España) y el abuelo de éste (también sirio). Nos detendremos en cinco escenas cotidianas situadas en el año 2025 (que es tanto como decir ya mismo), a modo de introducción en cada capítulo. Aunque el cambio climático y el sector energético son proverbialmente opacos, no lo son, en cambio, sus consecuencias. A través de los efectos del calentamiento global sobre una familia concreta, veremos con más claridad los retos y desafíos de los próximos años.

Le decía el gato a la Alicia de Lewis Carroll que, si no sabía dónde quería ir, cualquier camino le podía valer. Algunas veces, ocurre exactamente lo contrario. Que, con independencia del camino que tomemos, siempre llegamos al mismo sitio. Ésa es mi impresión sobre los caminos vitales que, en mi caso, me han llevado a dedicarme al mundo energético y climático. Como en la novela *4 3 2 1*, de Paul Auster, a veces pienso que siempre habría terminado trabajando en este sector, con independencia de las decisiones que hubiese tomado por el camino. Y eso que mi primer acercamiento no fue vocacional, sino casi fortuito. En septiembre de 2005, empecé a trabajar en la consultora Solchaga Recio & Asociados. Mis primeros días allí coincidieron con la oferta de adquisición de Gas Natural sobre Endesa, y mi primer encargo fue precisamente elaborar un informe sobre la misma (esa historia habrá que contarla en otra parte). Durante los siguientes meses, me sumergiría a fondo en este sector enrevesado, oscuro pero omnipresente, empezando una relación con el mundo de la energía que dura ya más de quince años, y que me ha llevado a trabajar, además de con Carlos Solchaga, en el gabinete del secretario de Estado de Energía Pedro Marín, como secretario general del Instituto de Diversificación y Ahorro Energético (IDAE), y, ahora, como experto en energía en un organismo multilateral, el Banco Europeo de Inversiones.

Los temas energéticos, sus complejas relaciones y sus efectos prácticos han pasado de interesarme a obsesionarme. Leo con avidez todo lo que pasa por mis manos (quizá por eso nunca advertí que los libros sobre cambio climático no se leían) y pregunto sin descanso a la gente que me rodea. Por ese motivo, la mayor parte de lo que pienso o escribo suele provenir de cualquier sitio menos de mí mismo. A lo largo de este libro, he tratado siempre de identificar la fuente o el origen de las diferentes ideas y planteamientos. En algunas ocasiones, me ha fallado la memoria o simplemente ha sido imposible identificar una sola fuente original. Otras veces, las menos, se trata de ideas originales, o al menos tan originales como pueden llegar a ser las ideas humanas, que no es mucho. En todo caso, no aspiro a la paternidad de ninguna de ellas, sino simplemente a plantearlas y transmitirlas como honestamente mejor pueda. Por supuesto, todos los planteamientos de este libro son estrictamente personales y no representan a ninguna institución.

Sería muy largo y tedioso hacer una lista de agradecimientos a las personas que han influido en la elaboración de este libro, y además siempre me ha parecido que esas listas tienen un prurito exhibicionista algo indecoroso. Sólo voy a hacer dos excepciones: una es Mónica, mi mujer, quien leyó un primer manuscrito y me animó a seguir escribiendo, a pesar de ser la principal damnificada de las horas que he dedicado a esta tarea. La otra son mis tres hijos, Miguel, Ana y Martín. Mis padres, los dos profesores, siempre nos transmitieron a mi hermana y a mí que estudiar estaba por encima de cualquier otra cosa. A mis hijos me gustaría decirles que sólo hay un reto a la altura de la educación: la conservación del medio ambiente. Mi pequeña ilusión, la que más me ha animado durante este tiempo, es que un día lean este libro como la modesta contribución que su padre hizo para que este planeta no se convierta en un lugar inhabitable. O, al menos, como el empeño que puso para tratar de entenderlo.

1

Un planeta diferente, un mundo nuevo

> Al subir a acostarme, mi único consuelo era que mamá habría de venir a darme un beso cuando ya estuviera yo en la cama.
>
> Marcel Proust,
> *En busca del tiempo perdido.*
> *Por el camino de Swann*

Madrid, 28 de noviembre de 2025 (8.30 a. m.)

—Cómo echo de menos el café por las mañanas. Para mí, era como la magdalena para Proust. O como el beso de su madre en las noches de verano en Combray. Nunca entendí por qué la magdalena acaparó toda la fama.

—¿El qué? —preguntó Rodrigo, sin levantar la mirada de su teléfono móvil, para irritación de su padre.

—¿Preguntas por Proust o por el café? —sonrió Samir. Al no obtener respuesta, eligió el camino más fácil—. El café lo tomábamos por la mañana para espabilarnos y sacudirnos el sueño.

—¿Para qué queríais despertaros?

—Siempre tan simpático.

—Y tú siempre con tus batallitas.

—Dejad de discutir ya, chicos —intervino Irina—. Venga, Rodri, se te va a hacer tarde. Tienes que salir ya si no quieres perder el autobús.

—Esta semana tenemos «instituto en casa». No tengo que salir.

—¿Cuándo empezasteis con ese chollo? —preguntó sarcástico Samir, todavía molesto con su hijo.

—¿Chollo? ¿Acaso crees que prefiero hablar durante horas con una pantalla?

—Vaya, así que las pantallas forman parte de ese selecto club de privilegiados a los que sí les diriges la palabra —volvió a la carga Samir.

—¿Crees que me gusta estar solo, no tener a nadie con quien hablar? Ya me gustaría que fuese de otra forma. Pero fuisteis vosotros los que nos encerrasteis en este lado de la pantalla.

—Define «vosotros». Y hazlo sin adornos.

—¿Quieres que os ponga nombre y apellido? —preguntó Rodrigo, mirando por primera vez a su padre—. ¿Que os señale con el dedo? Mejor te voy a contar lo que hicisteis. Sin adornos. Queríais coches grandes, cuanto más grandes, mejor, como si fuesen trofeos de apareamiento. Exhibíais las carrocerías como los pavos reales sus colas, como los trogloditas se colgaban las pieles de los animales. Pudiendo escoger casi cualquier cosa, os elegisteis a vosotros mismos. Cumplir vuestros sueños a costa de robarnos los nuestros.

—No sé de qué coche me hablas. En esta casa hace años que no tenemos ninguno. Y yo voy a trabajar todos los días en bicicleta.

—También vas en avión a Barcelona.

—No tengo alternativa. El tren se ha vuelto impredecible con las inundaciones.

—Todos tendríamos más opciones si no hubieseis ordeñado nuestro futuro.

—«Ordeñar.» Una expresión curiosa en boca de alguien que vive como si estuviese en un hotel.

—Chicos, de verdad: dejad de discutir ya. No hacéis otra cosa últimamente. Y te miro a ti, Samir: a veces pareces tú el que tiene dieciséis años. Deberías dar ejemplo y ser el primero en parar.

—Mis dieciséis años te sirven de explicación para casi todo —mascullό Rodrigo, otra vez con la mirada en el móvil. Sólo lo había dejado de mirar para zarandear a la generación de su padre.

—Tu madre tiene razón —asintió Samir, a modo de tregua. Las discusiones familiares lo agotaban, cada vez le resultaba más difícil seguir el ritmo de su hijo. En eso se notaba su juventud. A él, en cambio, le faltaba frescura. Había cumplido cuarenta y cinco años hacía unos meses. Más cerca de los sesenta que de los treinta, como le dijo socarrón un amigo al felicitarlo. O tal vez era la falta de cafeína. Nunca se había acostumbrado a las pastillas, ahora tan populares. Se disolvían en la leche, pero a Samir le sabían a regaliz. Fuese lo que fuese, tenía que parar aquel intercambio de golpes si no quería salir de casa tarde y malhumorado.

—Rodrigo, no podemos empezar a discutir desde tan temprano.

—Es la primera vez que te veo darle la razón en algo a mamá. Deberíais estarme agradecidos. Este mes vais a ahorrar en terapia matrimonial.

—Te estás pasando de la raya.

—¿Qué raya? ¿Dónde está? —Sin darse cuenta, Rodrigo había subido el volumen hasta terminar gritando—. ¿También la habéis pintado «vosotros»? ¿VO-SO-TROS?

Irina, algo asustada, se acercó a su hijo. No era ni mucho menos la primera discusión entre sus «chicos». Pero esta vez había notado en Rodrigo una rabia desconocida.

—Suéltame. Siempre que me calmas, lo compensas dándole a él la razón. O al contrario. Creía que las mujeres ucranianas no sabíais dividiros.

—Esta vez te has pasado tres pueblos, desgraciado —dijo Samir, acercándose bruscamente a su hijo—. No le hables así a tu madre.

Irina se interpuso entre los dos: una mano en el pecho de su marido. La otra, sosteniendo una taza de té caliente, a la altura de la cintura de su hijo, sin tocarlo. Como si estuviese en Kiev, treinta años atrás. En la segunda posición de ballet. El súbito silencio hizo que tanto Samir como Rodrigo se quedasen también quietos. Paralizados por lo absurdo de la escena: Irina con los brazos extendidos. Rodrigo, respirando pesadamente, como si le costase terminar de masticar los gritos recién proferidos. Samir, todavía inclinado, a medio camino de algo que nunca había hecho: enfrentarse físicamente con su hijo. En realidad, no sabía con certeza qué había querido decir con aquello de las mujeres ucranianas. Su reacción había sido instintiva. Las miradas de los tres se detuvieron en la mano izquierda de Irina, que seguía sosteniendo la taza, con un dibujo serigrafiado del puente de Rialto de Venecia. Qué lejos quedaba aquello, pensó Irina, fue su primer viaje con Samir. Una ciudad a la que ya no podrían volver. A la que nadie podría volver. Sumergida en el agua, Venecia se había convertido en una Atlántida moderna. Al menos trajeron aquella taza del viaje, junto con otros recuerdos. La mayoría se perdieron en las muchas mudanzas que habían hecho desde entonces. La propia taza se extravió durante años, hasta aparecer una semana de calor insoportable, cuando tuvieron que quedarse en casa, teletrabajando, y Rodrigo con clases en línea. Fue a partir de entonces cuando empezaron las semanas de «colegio en casa». Para matar el tiempo de aquellos días interminables, Irina limpió a fondo el sótano. La taza del puente de Rialto apareció en una caja a medio deshacer, junto con varios libros olvidados, algunos nunca leídos, y abundante material de oficina. Desde entonces, Irina hizo suya la taza, la utilizaba siempre en los desayunos. Cada uno tenía la propia, lo demás era a la vez de todos y de ninguno. Hasta el asiento en la mesa de la cocina mudaba de dueño cada mañana. Las tazas, en cambio, las defendían como un animal salvaje protege su territorio. Eran como el último asidero de sus vidas individuales, lo que no había caído en la marmita familiar. Por eso ahora las tres miradas velaban en silencio el destino de la taza veneciana de Irina. Las discusiones familiares podían provocar muchos destrozos, pero casi todos eran reparables. Una taza, en cambio, era una pérdida irreversible. Como borrar una vida anterior. O sumergir una ciudad. En silencio, los tres rumiaban el peligro de que aquella discusión, en apariencia tan parecida a otras, hiciese añicos algo tan delicado. Fue Samir quien rompió el silencio. Sin levantar la mirada de la taza, esbozó media sonrisa antes de preguntar:

—Irina, ¿no querrás un poco más de café?

El planeta está cambiando, y con él lo está haciendo el mundo en el que vivimos. No se trata tan sólo del futuro lejano, el año 2050 o más adelante, sino de cómo está cambiando el presente. Al hablar del cambio climático, casi siempre lo hacemos en un tiempo verbal que resulta elocuente: futuro o condicional. Nos referimos al cambio climático como algo nuevo (un «cambio»), un futurible («la temperatura podría subir», «el nivel de los océanos podría incrementarse»), una amenaza difusa que se cierne sobre nuestra vida futura.

No lo es. Lo más apropiado es hablar del cambio climático en presente. Porque ya ha llegado. Un planeta diferente está surgiendo. La temperatura media se ha incrementado en más de 1 °C sobre los niveles preindustriales,[1] mientras en algunas regiones ha subido casi 2 grados. Cada década, la temperatura se incrementa en 0,2 °C. El clima está cambiando: los veranos son más largos y calurosos, y se suceden con más frecuencia los episodios extremos, como las olas de calor o las lluvias torrenciales. Catás-

1. Según HadCRUT, una base de datos desarrollada conjuntamente por la Universidad de East Anglia y el Hadlley Centre. Para evitar la comparación con un año en concreto, se utiliza la media de los años 1850 a 1900 como referencia base.

trofes naturales que antes ocurrían una vez cada varios siglos ahora se repiten apenas pasados unos años.

Al cambiar el clima del planeta, también lo hacemos nosotros, sus habitantes. Nuestro modo de vida se adapta. Es una cuestión de supervivencia. Los humanos tenemos un concepto demasiado engolado de nosotros mismos, pero somos un eslabón más en la cadena de seres vivos que ha habitado este planeta desde hace millones de años. Una cadena que ha sobrevivido a todo tipo de vicisitudes: glaciaciones, explosiones volcánicas, colisiones de meteoritos y también épocas de calor extremo. Si algo hemos demostrado los habitantes de este planeta, es saber adaptarnos a los cambios. Las especies que no fueron capaces de hacerlo ya no están entre nosotros.

Por eso es igualmente llamativo que utilicemos la tercera persona o incluso formas impersonales: hablamos del «cambio climático» o del «calentamiento global del planeta» como si fuesen fenómenos lejanos y ajenos. No lo son: el cambio de las condiciones del clima afectará a muchos aspectos de nuestra vida, desde los más cotidianos, como qué alimentos disfrutaremos o dejaremos de hacerlo, como la añorada taza de café de Samir, pasando por las relaciones familiares, las empresas, la vida en las ciudades o la política. Este libro propone una excursión por todos ellos. Al surgir un planeta diferente, está naciendo también un mundo nuevo.

Tomemos un precedente relativamente cercano en la historia: como describe Philipp Blom en *El motín de la naturaleza*, a finales del siglo XVI, durante la denominada «Pequeña Edad de Hielo», la temperatura media descendió bruscamente varios grados. Ante aquel cambio repentino, las sociedades humanas modificaron muchas costumbres. Por ejemplo, empezaron a consumir menos vino (entonces una bebida habitual en casi todas las comidas) y más cerveza, debido a la mayor resistencia de la cebada y los cereales a los inviernos fríos, en comparación con la uva.

Pero no sólo cambió la bebida favorita. Las cazas de brujas se hicieron habituales en muchos países de Europa durante aquella época. Una de las pruebas que se esgrimían contra las acusadas era precisamente la existencia de fenómenos meteorológicos adversos. La propia Armada Invencible fue víctima de una tormenta de frío procedente del Ártico. Como en cualquier cruce de caminos, la humanidad tomó entonces una ruta y dejó atrás muchas otras. Nos encontramos ahora en una coyuntura parecida. El cambio climático es una cruz donde se bifurcan varios caminos. Algunos son visibles en la superficie; otros, casi subterráneos. Para conocer mejor el futuro, debemos escudriñarlos todos.

Empecemos por el lugar más cotidiano, donde pasamos la mayor parte de nuestro tiempo: los edificios, un invento de nuestros antepasados para protegernos de las inclemencias del clima, sobre todo de las oscilaciones de temperatura entre el día y la noche. Aquel invento tuvo tanto éxito que ahora lo utilizamos prácticamente para todo. Hace doscientos años,[2] el 90 por ciento del tiempo (dejando al margen las horas de sueño) transcurría en el exterior, en las calles apenas empedradas, en granjas o terrenos agrícolas; en la actualidad, este porcentaje es inferior al 20 por ciento. No sólo nuestras noches transcurren bajo techo. Del tiempo que estamos despiertos, pasamos ocho de cada diez horas en el interior de edificios (y, de media, una hora más en medios de transporte). Por supuesto, existen diferencias entre países: en las regiones del sur de Europa se realizan más actividades al aire libre. Pero la tendencia es la misma en todos sitios: los inventos que más han transformado nuestra vida en el último siglo nos hacen pasar más tiempo a cubierto y reducir las salidas al exterior. Es el caso de la electricidad, la televisión o internet. Algunos estudios hablan de la «generación indoor»:[3] pasamos más tiempo a cubierto que ninguno de nuestros antepasados.

El cambio climático empuja en esta misma dirección. Ante temperaturas más altas, nos refugiamos en el confort que pro-

2. YouGov Institute, «The Indoor Generation. The Effects of Modern Indoor Living on Health, Wellbeing and Productivity», 2019.

3. Walden, Stephanie, «5 Things the "Indoor Generation" Can do to be Happier and healthier», *USA Today*, 15 de mayo de 2018. Véase: <https://eu.usatoday.com/story/sponsor-story/velux/2018/05/15/5-things-indoor-generation-can-do-happier-and-healthier/610111002/>.

porcionan unos edificios cada vez mejor preparados. Pasamos más tiempo en casa porque el clima exterior es menos agradable. Y la tendencia no hará sino incrementarse. En el futuro, los episodios de aislamiento serán habituales. Para sobrellevar las cada vez más habituales olas de calor, o reducir el transporte y la contaminación, los colegios fomentarán la educación a distancia, como la semana de «colegio en casa» de Rodrigo. Por motivos parecidos y para ahorrar costes, las empresas fomentarán el teletrabajo. No será un cambio menor: la cultura y la organización de la educación y del trabajo están construidos sobre un modelo presencial. ¿Tendrán nuestros hijos un carácter más solitario? ¿Lo tendremos nosotros? ¿Qué será de la máquina de café, donde bromeábamos sobre los resultados de la liga de fútbol o comentábamos nuestro programa de televisión favorito? El propio desarrollo profesional dentro de las empresas cambiará por completo. Las escuelas de negocios llevan décadas ensalzando el *networking* como una de las claves del éxito. Pero si pasamos largas temporadas aislados delante de nuestro ordenador, quizá los extrovertidos pierdan su ventaja y se valoren más habilidades como escribir de forma concisa y elegante. Tanto las relaciones profesionales como las familiares serán muy distintas.

¿En qué otros aspectos cambiará nuestra vida? Una manera de anticipar los cambios es fijarnos en aquellos países donde estos cambios ya ocurren regularmente. Tenemos la experiencia reciente del confinamiento de la población mundial durante la pandemia de la COVID-19. Pero hay otros ejemplos menos traumáticos: en los países nórdicos, la dureza de los inviernos y la escasez de horas de luz durante estos meses lleva a la población a «refugiarse» de manera natural en sus casas durante largas temporadas. ¿Acaso nos pareceremos a ellos y tendremos, como se ha escrito, «casas más grandes, pero familias más pequeñas»?[4] ¿Estados más grandes y protectores, pero sociedades más individualistas? ¿Mayor igualdad, pero también más casos de soledad, alcoholismo o suicidios?

No será el único cambio. Está surgiendo una sima generacio-

4. Lapuente, Víctor, «La fuerza de España», *El País*, 23 de marzo de 2020.

nal entre jóvenes y adultos: los jóvenes levantan la voz para exigir un planeta similar al que disfrutaron sus padres. Se resisten a que nadie les «ordeñe el futuro». El cambio climático es, por encima de todo, un conflicto intergeneracional. Cuanto más se manifiesten sus efectos, mayor será la brecha entre jóvenes y adultos. ¿Hasta dónde se abrirá esta brecha? Será otra de las preguntas que nos formulemos. El pasado nos ofrece algunas pistas para rastrear episodios similares, como las guerras culturales de los años sesenta. ¿Era mayor la distancia que separaba a Janis Joplin de Richard Nixon o la que existe hoy entre Greta Thunberg y Angela Merkel? O entre Rodrigo y su padre, Samir.

Las grandes transformaciones globales (y el cambio climático es seguramente la más importante de las actuales) conllevan numerosos cambios individuales. Más que una única y enorme explosión, el Armagedón climático de las películas de ciencia ficción, el cambio del clima actúa como una traca (una mascletá) sobre nuestras costumbres, pequeñas explosiones en forma de racimo que abarcarán, que abarcan ya, casi todos los aspectos de nuestra vida cotidiana.

Si quieren ahorrarse la lectura de varios cientos de páginas, voy a ponerlo fácil: resumidamente, este libro habla del cambio climático en presente, más que en futuro. Y lo hace en primera persona, en lugar de hacerlo en tercera. No obstante, ya que han comprado el libro y han empezado a leerlo, tampoco tienen por qué darle carpetazo apresuradamente; acabamos de conocernos, y ya saben que la mayoría de las veces el paseo puede ser tan entretenido como el destino, que «el camino es mejor que la posada».

En presente y en primera persona. Sigamos.

Una primera explicación sobre el cambio climático: qué dice la ciencia

Ésta no es una obra de divulgación científica, aunque la ciencia sea el punto de partida. En concreto, la abrumadora evidencia científica sobre el cambio climático. Cualquier persona acostumbrada a trabajar con datos tendrá una reacción parecida ante el siguiente gráfico, de la Agencia Medioambiental Europea.[5] En general, en las ciencias no exactas (como el estudio del clima, la medicina o la economía) es difícil establecer con precisión la relación entre dos variables. Existen siempre señales ambiguas, lo que se conoce como «ruido». Las interrelaciones son múltiples, en todas las direcciones. Pensemos, por ejemplo, en la economía. Sube el precio del petróleo y, de forma casi simultánea, la inflación y el desempleo. ¿Qué ha causado qué? Los médicos también se fajan todos los días para destilar un diagnóstico a partir de múltiples señales: ganglios inflamados, fiebre moderada y reacción cutánea. ¿A qué pueden deberse?

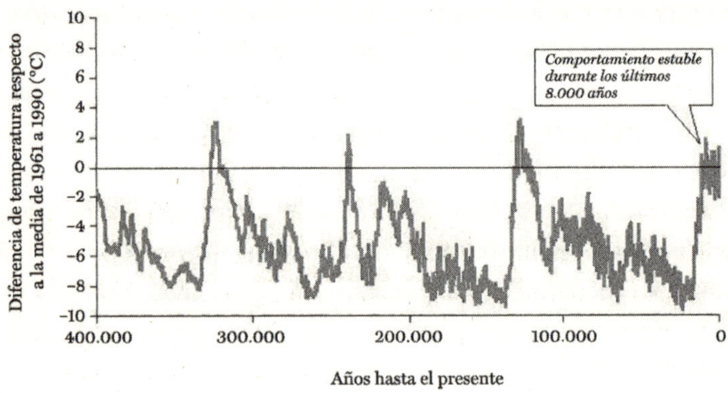

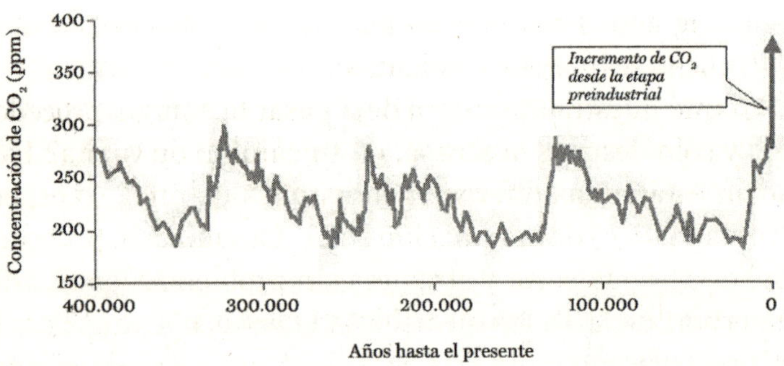

Fuente: Agencia Medioambiental Europea.

5. <https://www.eea.europa.eu/data-and-maps/figures/reconstructed-record-of-the-global-average-temperature-and-atmospheric-co2-concentration-over-the-last-400-000-years>.

En el caso del cambio climático, en cambio, la relación entre la temperatura media del planeta y la acumulación de CO_2 en la atmósfera es seguramente la relación más nítida y cristalina que ningún científico social se haya encontrado nunca. Es una relación que tiene más de cuatrocientos mil años de historia: a más concentración de CO_2, mayor es la temperatura, y viceversa.

¿A qué se debe esta relación tan estrecha? La explicación científica es muy sencilla. El dióxido de carbono y el resto de los gases de efecto invernadero (GEI) han cobrado mala fama, pero son los que convierten nuestro planeta en un lugar habitable. La atmósfera terrestre es una compleja maraña de gases, aerosoles (pequeñas partículas en suspensión) y vapor de agua. Entre los gases, los principales son el oxígeno y el nitrógeno. El dióxido de carbono y el resto de los GEI tienen una participación minúscula (alrededor del 0,045 por ciento), pero un papel fundamental para el equilibrio térmico del planeta.

Nuestra atmósfera deja pasar hacia la superficie del planeta la mayor parte de la energía que procede del Sol. La superficie terrestre (y marítima) absorbe esta energía y la devuelve a la atmósfera. En este viaje de vuelta, los GEI «atrapan» gran parte de la radiación, en lo que se conoce como «efecto invernadero», y consiguen así que la superficie media del planeta se sitúe en torno de los 15 °C, mucho más alta que en el resto de los planetas solares, e igualmente importante, que las oscilaciones entre el día y la noche sean menos violentas.

¿Por qué nuestra atmósfera deja pasar la energía procedente del Sol y sólo después la atrapa, en su camino de vuelta? La explicación está en las diferentes longitudes de onda (o espectro electromagnético) de la radiación solar. La radiación procedente del Sol es de onda corta y atraviesa sin problemas la atmósfera. La superficie de la Tierra devuelve la energía a la atmósfera tras ampliar su longitud de onda. Los GEI actúan como el mallado de una red de pesca. Dejan pasar los peces pequeños, la radiación de onda corta procedente del Sol, pero no los peces grandes, la onda larga reflejada por la superficie terrestre.

La densidad del mallado viene determinada por la concentración de GEI en la atmósfera. Como hemos dicho, es muy pequeña, tanto que la unidad de medida es de partes por millón (ppm). Cuanto más mallada (más concentración de GEI en la atmósfera), más longitudes de onda «pesca» la red y, por tanto, mayor es el efecto invernadero y el incremento de temperatura en el planeta.

El efecto invernadero no es un descubrimiento científico reciente, todo lo contrario. Se atribuye a un científico sueco, Svante Arrhenius (1859-1927), la formulación por primera vez, a finales del siglo XIX, de esta relación: a mayor combustión de recursos fósiles (como el carbón o el petróleo), mayor concentración de CO_2 en la atmósfera y mayor incremento de la temperatura. Y los datos han confirmado esta hipótesis paso por paso.

Se estima que a mediados del siglo XIX la concentración equivalente de CO_2[6] en la atmósfera era de 285 ppm. Desde entonces, ha crecido de manera sostenida hasta los 410 ppm. En paralelo, se ha registrado un incremento de alrededor de 1,1 °C en la temperatura media de la tierra.[7] La concentración de CO_2 en la atmósfera en la actualidad refleja el valor más alto de al menos los últimos ochocientos mil años.[8] Cada año crece a un ritmo de entre 3 y 4 ppm.[9] También la temperatura bate récords: aunque el clima oscila de forma habitual, mediante las técnicas estadísticas se pueden extraer tendencias a largo plazo. Los datos hablan por sí solos: diecinueve de los veinte años más calurosos desde que se tiene registro han ocurrido en los últimos diecinueve años

6. Se habla de CO_2 equivalente para medir la concentración de todos los diferentes GEI en la atmósfera. Los gases cubiertos por el Protocolo de Kioto son el CO_2, el metano (CH_4), el óxido nitroso (N2O) y los gases fluorados (hidrofluorocarbonos —HFC—, perfluorocarbonos —PFC— y el hexafluoruro de azufre —SF6—).

7. Lindsey, Rebecca, y LuAnn Dahlman, «Climate Change: Global Temperature», NOOA, 2020. Véase: <https://www.climate.gov/news-features/understanding-climate/climate-change-global-temperature>.

8. Lindsey, Rebecca, «Climate Change: Atmospheric Carbon Dioxide», NOOA, 2020. Véase: <https://www.climate.gov/news-features/understanding-climate/climate-change-atmospheric-carbon-dioxide>.

9. Sumando el resto de los gases, la concentración total en la atmósfera asciende a 460 ppm de CO_2 equivalente, de los que 415 ppm corresponden propiamente al CO_2. Véase: <https://www.co2.earth/>.

(la única excepción es 1998, que fue especialmente caluroso). La evidencia científica es, sencillamente, apabullante.

Una segunda explicación: la economía

En el apartado anterior hemos visto cuál es la explicación científica del cambio climático. Nos planteamos ahora una pregunta diferente: ¿cómo hemos llegado hasta aquí?, ¿por qué hemos emitido tanto CO_2 a la atmósfera durante los últimos ciento cincuenta años? Nos adentramos ahora en el terreno de las ciencias sociales.

Hay dos elementos imprescindibles para entender lo ocurrido, ambos relacionados: el crecimiento industrial y el transporte. Ambos son fenómenos relativamente recientes. Y ambos han provocado una transformación casi completa de nuestras sociedades.

Hasta la Edad Media, la producción de los bienes era local y no existía propiamente una actividad encaminada al comercio o el intercambio de bienes. A su vez, el crecimiento económico era muy plano. Según las estimaciones de Angus Maddison, la renta per cápita mundial entre el año 1 y 1820 se incrementó tan sólo de 467 a 666 dólares anuales en términos constantes. Es decir, se

Calentamiento global y CO_2

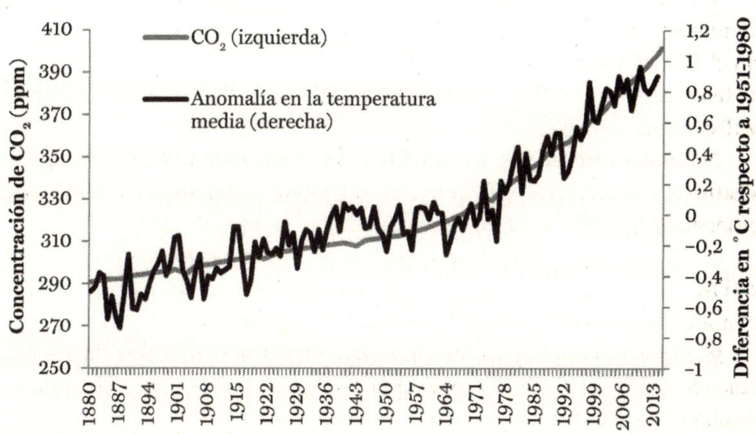

necesitaron 1.800 años para incrementar la renta en apenas 200 dólares. Tras el comienzo de la Revolución Industrial en 1820, la renta per cápita mundial necesitó apenas cincuenta años para recorrer el mismo camino. Desde entonces, el crecimiento ha sido sencillamente excepcional. En la actualidad, la renta per cápita crece los mismos 200 dólares... ¡cada año!

¿Cómo se ha incrementado tanto la producción? Basta repasar los grandes hitos de la época industrial, como el desarrollo de la industria textil tras la introducción de la máquina de vapor, su aplicación a las comunicaciones terrestres —ferroviarias— y marítimas, el descubrimiento de la electricidad o el desarrollo de los motores de combustión interna. Producimos muchos más bienes y servicios que nuestros antepasados, y para ello utilizamos una cantidad mucho mayor de energía. En 1850, el consumo energético de Estados Unidos era de apenas 2,1 billones de BTU (British Thermal Unit), casi todo madera. En la actualidad, el consumo de madera es similar. La diferencia es que también se consume petróleo, carbón, gas natural, energía nuclear e hidroeléctrica, para un consumo total que se acerca a los 100 billones de BTU. La era industrial consistió en que la humanidad aprendiese a domesticar todas estas fuentes de energía.

El crecimiento del consumo de energía y el de la economía son las dos caras de una misma moneda: uno favorece al otro, y viceversa. Y es aquí donde aparece el tercer factor. Porque el efecto colateral de ambos ha sido un incremento también exponencial de las emisiones de CO_2 a la atmósfera. En 1850, las emisiones de CO_2 se situaban alrededor de los 0,2 Gt cada año. En 1970, habían crecido hasta las 14,5 Gt y en la actualidad superan los 35 Gt.[10] Todavía siguen creciendo cada año.

No sólo emitimos más CO_2 a la atmósfera, sino que se está agotando la capacidad de los sumideros naturales de CO_2: océanos y bosques. Los primeros pueden absorber cerca del 50 por ciento del CO_2 emitido a la atmósfera, pero al hacerlo incremen-

10. IEA, «Global Energy & CO_2 Status Report 2019», IEA, 2018. Véase: <https://www.iea.org/reports/global-energy-co2-status-report-2019/emissions>.

tan su temperatura, se dilatan y sufren un proceso de acidificación que pone en riesgo especies como corales, algas o moluscos. Los bosques ocupan el 31 por ciento de la superficie mundial (en la etapa preindustrial alcanzaban el 45 por ciento) y su superficie se reduce cada año alrededor de 10 hectáreas, a pesar de los avances registrados desde la década de 1990, cuando la deforestación media se situaba en 16 hectáreas al año.[11]

Hay que hacer una importante salvedad: la relación triangular que explica el cambio climático, la que existe entre crecimiento económico, consumo de energía y emisiones de CO_2, no es inmutable en el tiempo. En primer lugar, las tecnologías mejoran. Los coches, por ejemplo, cada vez son más eficientes. Un vehículo utilitario en los años setenta recorría alrededor de 5 kilómetros con un litro de combustible. En la actualidad, un modelo parecido puede recorrer entre 15 y 20 kilómetros, o incluso más.

En segundo lugar, está la llamada tercerización de las economías. En cada país, al desarrollarse económicamente, las actividades industriales pierden peso en favor de los servicios, más livianos en el uso de energía. Más allá del avance tecnológico, hay un efecto composición que reduce el consumo de energía.

Y, en tercer lugar, tampoco la relación entre consumo de energía y emisiones de CO_2 es fija. En la actualidad, más de un 80 por ciento de la energía que consumimos procede de combustibles fósiles, que emiten una cantidad muy alta de CO_2 a la atmósfera en su transformación. Pero existen otras fuentes de energía menos contaminantes. Cuanto más se desarrollen las energías renovables y otras fuentes no emisoras de CO_2, más débil será esta relación.

Los dos primeros vectores, el avance tecnológico y la tercerización de las economías menos desarrolladas, son dos grandes procesos en marcha. Centrémonos ahora en el tercero: ¿cómo quebrar la relación entre consumo de energía y emisiones?, ¿por qué los combustibles fósiles han mantenido un porcentaje tan alto durante tanto tiempo? Sin duda porque ofrecen grandes

11. FAO y UNEP, «The State of the World's Forests (SOFO)», FAO y UNEP, 2020. Véase: <http://www.fao.org/state-of-forests/en/>.

ventajas, como su relativa abundancia y su versatilidad tecnológica, que han permitido unas décadas de crecimiento económico prodigioso en términos históricos. Pero tienen también enormes costes, como los medioambientales, a los que no se les ha prestado la suficiente atención. Al masivo consumo de combustibles fósiles desde la época industrial se le ha denominado, en una expresión afortunada, «el mayor fallo de mercado de la historia»,[12] y es la segunda explicación sobre el cambio climático.

El mayor fallo de mercado de la historia

Los economistas hablamos de «fallos de mercado» para describir situaciones en las que el mercado, por sí solo, no es capaz de asignar eficientemente los recursos. Ejemplos clásicos son las externalidades, los bienes públicos o los oligopolios. El cambio climático es un compendio de casi todos ellos. Veámoslo con detalle.

Empecemos por el primero. Las emisiones de CO_2 son un ejemplo de lo que se conoce como «externalidad negativa». El CO_2 tiene consecuencias perjudiciales para el medio ambiente (el efecto invernadero y el consiguiente calentamiento del planeta) que los agentes no consideran en sus decisiones. Por eso emiten mucho más CO_2 de lo que sería socialmente deseable.

Las externalidades se caracterizan por la ausencia de un mercado para las mismas. Imaginemos, por ejemplo, que soy un fumador empedernido. Como mi mujer no me deja fumar en casa, lo hago en la terraza, con el inconveniente de que el humo molesta a mi vecino. No es mucho humo, pero mi vecino detesta el olor. El problema no es tanto la externalidad negativa en sí misma, sino que para este subproducto (la molestia de mi vecino) no existe un mercado. Mi vecino no puede exigirme que le pague cada vez que fumo en la terraza. Si en lugar de ser mi vecino fuese mi mujer, podría «crearse» un mercado: al discutir conmigo, yo acabaría fumando menos. Pero cuando no existe este merca-

12. Stern, Nicholas (ed.), *The Economics of Climate Change. The Stern Review*, Cambridge University Press, Cambridge, 2007.

do, como con mi vecino, mi consumo de cigarrillos es ineficiente por excesivo, dado que sólo considero mi coste privado y no el coste total (que incluye las molestias a otros) cada vez que salgo a la terraza a fumar.

Hay un segundo tipo de coste, mucho más importante: al aspirar el humo, mi vecino tiene un pequeño riesgo de desarrollar cáncer de pulmón. Y, sobre todo, está el riesgo sobre mi propia salud. Fumar dispara la probabilidad de desarrollar cáncer y otras enfermedades cardiovasculares. Esta segunda externalidad hace el problema mucho más grave: durante un tiempo se ignoraba el efecto que el tabaco podía tener sobre la salud, y los fumadores consumían cigarrillos sin atender a las consecuencias sobre su propia salud o la de las personas a su alrededor.

Las emisiones de CO_2 representan un caso muy parecido al del tabaco. Durante mucho tiempo, ignorábamos los efectos de la acumulación de CO_2 en la atmósfera sobre el medio ambiente (del mismo modo que se desconocían los efectos del tabaco sobre la salud). Fue necesario un gran esfuerzo para que las advertencias científicas (en el caso del clima) o las sanitarias (en el del tabaco) fueran aceptadas de forma generalizada.

El problema persiste porque, incluso cuando los efectos son conocidos, no existe un mercado para el CO_2 (recordemos, mi vecino no puede impedirme fumar en mi terraza). Es decir, los agentes no tienen en cuenta el coste social de las emisiones de CO_2, sino sólo el privado, lo que da lugar a una «sobreproducción de CO_2». Como escribió el papa Juan Pablo II en su primera encíclica (la economía tiene a veces apóstoles improbables), «el ser humano parece no percibir otros significados de su ambiente natural, sino solamente aquellos que sirven a los fines de un uso inmediato y consumo».[13]

El resultado de esta combinación de factores es que la humanidad ha emitido a la atmósfera una cantidad excesiva de CO_2. ¿Cómo de excesiva? Todavía faltan algunas piezas para responder a esta pregunta.

13. Carta enc., *Redemptor hominis*, 4 marzo de 1979, 15: AAS 71 (1979), p. 287.

El segundo fallo de mercado asociado al cambio climático es lo que se conoce como «bien público». El clima nos afecta por igual a todos los habitantes del planeta. Como se dice a menudo, existe un único planeta: el clima es una compleja telaraña formada por una única red. Al haber un único sistema climático, las decisiones están estrechamente relacionadas: las lluvias en Florida, por ejemplo, pueden alterar la temperatura en Australia.

Al mismo tiempo, ocurre el fenómeno inverso. El CO_2 que emite a la atmósfera un conductor de Texas es equivalente al que emite una central de carbón en China. Dicho de otro modo: las emisiones de CO_2 constituyen un «mal público» que a su vez destruye un «bien público», el clima. La combinación, de nuevo, actúa como una caja de resonancia. Lo primero, como hemos visto, provoca lo que se denomina «la tragedia de los comunes»: se emite demasiado CO_2 a la atmósfera. Lo segundo obliga a la protección pública del clima.

La naturaleza «pública» del clima exige la coordinación para frenar el cambio climático: entre los países y dentro de ellos. De poco sirve que Europa reduzca a cero sus emisiones de CO_2 si China las mantiene (de hecho, importa mucho más lo que haga China, como veremos). Tampoco es suficiente que toda la electricidad sea de origen renovable si los vehículos son de combustión interna. *Coordinación*, en este caso, es una palabra que se queda corta: se precisa un esfuerzo simultáneo, universal y exhaustivo. Una tarea colosal.

La coordinación lleva asociada un riesgo que se conoce como el «problema del polizón». ¿Para qué vamos a hacer un esfuerzo titánico desde Europa reduciendo nuestras emisiones sin saber si también lo hará China? Tenemos la tentación de mirar de reojo a los demás y retrasar la adopción de medidas. El resultado más habitual en este tipo de situaciones es la inacción generalizada, algo bastante parecido a lo que hemos visto durante las últimas décadas.

Ya tenemos dos piezas del puzle: un fuerte incentivo a emitir demasiado CO_2 y otro igualmente vigoroso para la inacción. Falta el tercer condimento para explicar el mayor fallo de mercado de la historia: el temporal. Porque los efectos del cambio climático no son inmediatos, sino paulatinos, y afectan sobre todo a las generaciones futuras. El efecto invernadero no es un problema de flujos, sino de *stocks*: el CO_2, junto al resto de los GEI, permanece en la atmósfera durante cientos o incluso miles de años. Las emisiones de CO_2 procedentes de los telares mecánicos de la época de Charles Dickens, a mediados del siglo XIX, siguen presentes en la atmósfera de hoy, aunque ni uno solo de los habitantes de entonces esté entre nosotros. Para seguir con nuestra analogía, con el tabaco existe también una inconsistencia temporal: los fumadores disfrutan de un cigarrillo hoy, a costa de poner en riesgo su salud en el futuro (por eso a algunos les cuesta tanto dejar el vicio). En el caso del clima, la inconsistencia es mucho mayor: es como si al fumarme un cigarrillo no molestase a mi vecino, sino a su biznieto. Y como si no pusiese en riesgo mis propios pulmones, sino los de un tataranieto que todavía no conozco. ¿Fumaríamos más o menos? Es obvio que las distorsiones son mayores cuanto más amplia sea la distancia entre quienes disfrutan de las ventajas y quienes sufren las consecuencias. Las generaciones futuras no tienen voz, no concurren a las elecciones ni pueden defender sus intereses. Por ellas sólo vela la tenue solidaridad intergeneracional, que es más un principio moral que un derecho reconocido por los ordenamientos jurídicos.[14]

Existe un apasionante debate filosófico sobre cuál es la manera adecuada (más justa, si se quiere) de valorar el bienestar de las generaciones futuras.[15] Este debate tiene importantes consecuencias prácticas sobre el coste social estimado para el CO_2. Es decir, sobre la medida de lo «excesivo» en nuestro modo de vida actual.

A riesgo de entrar en demasiados tecnicismos, la manera habitual de valorar el bienestar de las generaciones futuras es a tra-

14. No obstante, el ordenamiento jurídico internacional no ha sido ajeno a los derechos de las generaciones futuras, como evidencia, por ejemplo, la Declaración sobre las Responsabilidades de las Generaciones Actuales para con las Generaciones Futuras, adoptada el 12 de noviembre de 1997 por la Conferencia General de la Unesco en su XXIX reunión.

15. Stern, Nicholas, *Why Are We Waiting*, MIT Press, Cambridge, MA, 2015. Stern resume las distintas posiciones filosóficas en su capítulo 5.

vés de las tasas de descuento intertemporales. Tenemos en cuenta los intereses de nuestros tataranietos, pero con un «descuento» con respecto a los nuestros. A grandes rasgos, las posiciones se resumen en dos: aquellos que recomiendan utilizar una tasa de descuento estándar (alrededor del 5 por ciento) y los que, en cambio, opinan que el descuento intertemporal debe ser mínimo o incluso cero. A favor de la primera postura se encuentran una visión eficiente de los mercados (que utilizan tasas parecidas para la transferencia intertemporal de recursos) y también una cuestión pragmática, dado que los modelos matemáticos se complican en ausencia de descuentos intertemporales. Por su parte, a favor de no descontar el futuro se encuentran poderosas razones éticas: como Amartya Sen ha señalado,[16] los argumentos para penalizar el bienestar de las generaciones futuras por el simple hecho de nacer más tarde son moralmente muy débiles. Como acertadamente señala Nicholas Stern, descontar el futuro es tanto como si en una hipotética asamblea que reuniese a los habitantes presentes y futuros del planeta unos votos pesasen cien veces más que otros, lo que desde el punto de vista ético es inaceptable.

La vía intermedia es aceptar una tasa de descuento mínima (por ejemplo, del 1 por ciento) justificada no en una subordinación moral de las generaciones futuras, sino en la probabilidad de que alguna catástrofe ponga en riesgo la supervivencia futura del planeta y las generaciones futuras nunca vean la luz. Esta última viene a ser una argucia técnica para utilizar modelos matemáticos manejables, con tasas de descuento positivas, evitando, sin embargo, el posicionamiento moral que implica descontar el bienestar de nuestros tataranietos.

Las tres razones señaladas para explicar el cambio climático tienen una dimensión distinta: económica (la externalidad negativa), política (el problema de los bienes públicos) y moral (rela-

16. Sen, A. K., «Approaches to the Choice of Discount Rates for Social Benefit-Cost Analysis», en Lind, R. C.; K. J. Arrow; G. R. Corey; P. Dasgupta; A. K. Sen; T. Stauffer; J. E. Stiglitz; J. A., Stockfisch, y R. Wilson (eds.), *Discounting for Time and Risk in Energy Policy*, John Hopkins University Press for Resources for the Future, Baltimore, 1982.

ciones intergeneracionales), pero todas convergen en un mismo punto, y es que desde la etapa industrial hasta ahora hemos emitido demasiadas toneladas de CO_2 a la atmósfera. ¿Cuánto es demasiado? Diversos estudios han estimado el coste social del CO_2, lo que de manera indirecta podría servir para medir el exceso histórico de emisiones a la atmósfera. Existe un amplio rango en el cálculo del coste social del CO_2: los cálculos más conservadores lo sitúan entre 35 y 40 dólares por tonelada.[17] Recientemente, el FMI ha utilizado un valor de 150[18] dólares. Bill Gates paga 400 dólares por tonelada para compensar su huella climática.[19] Y hay estudios que elevan el precio del CO_2 hasta 800 dólares.[20] Incluso si nos quedamos en la franja inferior (digamos 100 dólares por tonelada) y multiplicamos este valor por las más de 2.000 Gt de CO_2 emitidas a la atmósfera desde 1850, el resultado son unos 2.000 trillones de dólares. ¿Mucho o poco? Aproximadamente es el equivalente a dos veces el PIB mundial. Una cifra que da una medida de la magnitud del fallo de mercado acumulado en los últimos ciento cincuenta años.

Y una tercera explicación: el «negacionismo» psicológico

Volvamos a una de las preguntas que abrían este capítulo: ¿por qué hablamos en futuro o en condicional del cambio climático?, ¿por qué lo hacemos como si fuese algo ajeno a nosotros mismos?

«El pastor mentiroso» es una fábula atribuida a Esopo, que

17. La estimación más reciente del Interagency Working Group.

18. IMF, «World Economic Outlook, October 2020: A Long and Difficult Ascent», IMF, 2020. Véase: <https://www.imf.org/en/Publications/WEO/Issues/2020/09/30/world-economic-outlook-october-2020>.

19. Gates, Bill, «My Green Manifesto», *Financial Times*, 19 de febrero de 2021. Véase: <https://www.ft.com/content/c11bb885-1274-4677-ba05-fcbac67dc808>.

20. Quinet, Alain, «The Value for Climate Action», France Stratégie, París, 2019. Véase: <https://www.strategie.gouv.fr/sites/strategie.gouv.fr/files/atoms/files/fs-the-value-for-climate-action-final-web.pdf>.

en España se confunde a veces con el cuento de «Pedro y el lobo», una composición sinfónica de Serguéi Prokófiev. Para evitar confusiones, vamos a utilizar una versión española, mucho más pintoresca, del mismo personaje: los «asustaviejas». Se trata de un tipo de especulador inmobiliario especializado en comprar inmuebles con inquilinos de renta antigua, una práctica común a la que se bautizó con tan peculiar sobrenombre en Cádiz. Hace unos años, Pablo Ordaz describía así su *modus operandi*:[21] «A principios de este verano, dos hombres bien trajeados se colaron en la casa. Lo miraron todo y se pusieron a tomar fotografías de las paredes, explica Manuela aún con el corazón encogido. Sólo al final dijeron que eran técnicos de Urbanismo y que la casa estaba en ruinas. Sacaron unas cintas de plástico y precintaron lo que les pareció. A los pocos días, se presentó el dueño de la finca. Le dijo a Manuela que lo habían llamado del Ayuntamiento de Cádiz y que, efectivamente, cada minuto que ella, su hija Rebeca y su nieto Abraham pasaran allí estarían tentando a la suerte».

El debate climático tiene muchas diferencias con los asustaviejas: no hay especuladores intentando espantar con mentiras, más bien lo contrario. Hay, sin embargo, al menos un elemento en común. Porque los asustaviejas, como el pastor mentiroso de Esopo, dejaron de ser efectivos precisamente por exagerar. Como relataba Pablo Ordaz, los verdaderos técnicos municipales evitaban declarar una casa completamente en ruinas. De esta forma, cuando un supuesto técnico recomendaba la inmediata evacuación de una vivienda, los inquilinos tenían razones para sospechar que estaban delante de un asustaviejas.

La pregunta se puede formular en términos más generales: hemos visto que individuos, sociedades y hasta países en su conjunto tienen fuertes incentivos para «retrasar» su respuesta al cambio climático. Quedarse de brazos cruzados puede ser la mejor estrategia para cada uno de ellos, aunque sea catastrófica para el planeta. ¿Podría entonces tener sentido lo contrario, exagerar los efectos del cambio climático con la esperanza de «despertar» así las conciencias?

21. *El País*, 17 de septiembre de 2005.

Hace unos años, existió un gran revuelo tras la publicación (después del previo hackeo de sus servidores) de miles de correos electrónicos intercambiados entre científicos de la Universidad de East Anglia, uno de los centros punteros en la investigación mundial sobre el clima. El caso, que tuvo mucha repercusión (fue conocido como *Climategate*), más que revelar agujeros en el consenso científico sobre las causas y consecuencias del cambio climático, puso de manifiesto que los científicos también son vulnerables a la tentación del «adorno», a presentar sus conclusiones de la forma más atractiva para el lector, realzando la evidencia que soporta sus propias posiciones. Lo que se conoce como el «sesgo de la confirmación». El resultado del *Climategate*, sin embargo, fue el contrario: un efecto *boomerang*. Las voces más escépticas sobre el cambio climático aprovecharon aquel revuelo para llenar de barro el debate, sembrando dudas incluso sobre las evidencias científicas más sólidas.

Retorcer la realidad es casi siempre una mala estrategia, tanto cuando los motivos son espurios, como en el caso de los asustaviejas, como cuando son bienintencionados, como los científicos de East Anglia. Sobre todo, porque, en el caso del cambio climático, la realidad habla por sí sola. Quizá no es que las conciencias estén dormidas, sino más bien que se encuentran abrumadas.

Muchas veces, a lo largo de estos meses, escribiendo y reescribiendo estas páginas, me he repetido la misma pregunta que ya refería en la introducción: ¿por qué no se leen los libros sobre el cambio climático? No me movía un puro interés comercial (o impuro, como prefieran denominarlo), aunque nada me gustaría más que devolverle a mi editor su confianza con una tirada que al menos no debilite su apuesta futura por el debate climático. ¿Cómo romper el velo del lector desinteresado por el cambio climático?

Mi conclusión es que no leemos sobre el cambio climático porque es pertinazmente molesto. Muy molesto. Casi siempre es apocalíptico. Un futuro lleno de sequías, tornados e inundaciones. Y tiene algo todavía más irritante: reprueba nuestras conductas. La relación de Rodrigo con Samir, su padre, está envenenada por el reproche moral. Hay un poso de amargura entre ambos. «Al elegir vuestros sueños, nos robasteis los nuestros», espetaba Rodrigo en el calor de la discusión.

El cambio climático es, digámoslo así, un incordio. Y la realidad es que nos cuesta asimilar las malas noticias. A todos nos ha ocurrido en alguna ocasión, como aquella vez que nos comunicaron el fallecimiento de un ser querido y nos resistimos a creerlo. Nos amurallamos ante pérdidas irreversibles y definitivas. Este mismo comportamiento individual se reproduce a nivel colectivo.

Veamos un ejemplo: me trasladé a vivir a Estados Unidos pocos meses después de que el huracán Sandy golpease varias ciudades del país y escuché en varias ocasiones un relato de aquel episodio parecido al que sigue. A finales de octubre, Sandy golpeó la isla de Cuba con una fuerza devastadora, un huracán de categoría 3, la máxima posible. A continuación, se desplazó a Bahamas, donde dejó también un reguero de destrucción. Entonces giró hacia el noroeste, subiendo por la costa de Nueva Jersey. Durante días, según relataban quienes entonces vivían en Nueva York, la televisión, la radio o las noticias en internet repetían las advertencias sobre la inminencia del peligro que se avecinaba. En este caso, la predicción de las autoridades científicas acertó de pleno: más de una semana antes de que Sandy alcanzase Nueva York, varios científicos alertaron exactamente de lo que iba a ocurrir. Cinco días antes, el Centro Nacional de Huracanes, a través de una alerta, predijo de manera casi perfecta la intensidad que tendría el huracán. Las autoridades recomendaron la evacuación de la ciudad o, en su defecto, que no se acudiese a los puestos de trabajo.[22] Todo funcionó como debía hacerlo, salvo lo más importante: los neoyorquinos siguieron viviendo como si nada fuese a suceder. Una especie de «negacionismo» psicológico. Quizá habían escuchado demasiadas veces avisos semejantes, como los del pastor mentiroso o los asustaviejas. O simplemente prefirieron ignorarlos.

22. Sobel, Adam, «What we Didn't Learn From Superstorm Sandy», *CNN*, 28 de octubre de 2013. Véase: <https://edition.cnn.com/2013/10/26/opinion/sobel-superstorm-sandy/index.html>.

Volvamos al cambio climático. El Protocolo de Kioto se firmó en el año 1997. Desde entonces hasta hoy las emisiones de CO_2 no han dejado de crecer: han pasado de 24 Gt al año a 36 Gt.[23] Es decir, incluso cuando ya sabíamos cuáles eran los riesgos de conducir a toda velocidad, hemos seguido apretando el acelerador. ¿Desconocimiento, imprudencia, irresponsabilidad? Un poco de todo. También en este caso hemos preferido ignorar las malas noticias, a pesar de escucharlas innumerables veces. Nos resistimos a creer que nuestra vida vaya a cambiar. Pero va a hacerlo.

Evitar los peores escenarios climáticos requerirá una transformación tecnológica e industrial con pocos precedentes en la historia. En este libro, el foco no se situará en esos esfuerzos, ni siquiera en si culminarán con éxito. En los siguientes capítulos, partiremos de la hipótesis de que la humanidad sobrevivirá al cambio climático, que reaccionaremos a tiempo de evitar que se arruine la posibilidad de vivir en nuestro planeta. La cuestión que se planteará es distinta: porque incluso si lo logramos, nuestra forma de vida cambiará en muchos sentidos. Vivir como lo hemos hecho hasta ahora ya no es una opción. Si reaccionamos con diligencia, la vida en el planeta seguirá siendo posible, pero será muy distinta. Veamos por qué.

Camino de un planeta con 3 °C más

En 1988, Naciones Unidas constituyó el Panel Intergubernamental del Cambio Climático (IPCC, por sus siglas en inglés), con el objetivo de analizar periódicamente la evidencia científica sobre el calentamiento global del planeta. Desde entonces, el Panel ha publicado cinco informes periódicos (1990, 1995, 2001, 2007 y 2013/2014), y un informe especial (con motivo de la cumbre del Clima en París en 2015). Todos ellos se han convertido en la referencia científica obligada sobre el cambio climático.

¿Qué dicen los informes del IPCC? En primer lugar, explican

23. <https://ourworldindata.org/co2-emissions#year-on-year-change-in-global-co2-emissions>.

los fundamentos científicos del cambio climático, ya señalados (el efecto invernadero y el consiguiente calentamiento global del planeta). Después, se analiza qué sucedería si seguimos actuando como hasta ahora (en inglés, *business as usual*). La estimación ha ido cada vez a peor: en el primer informe, publicado en 1990, se estimaba que la temperatura al final del siglo XXI se podría incrementar en unos 3 °C. En el último informe, de 2015, se estima que, con la trayectoria actual, la temperatura podría incrementarse cerca de 4 °C.

A continuación, el IPCC describe los riesgos climáticos asociados a cada uno de los escenarios. El clima tiene un comportamiento no lineal. Es decir, un aumento de la temperatura de 2 °C no es el doble de virulento que 1 °C, sino varias veces más. Un incremento de 4 °C puede ser letal sobre el planeta, ya que incrementa exponencialmente los denominados riesgos clave, como la desaparición de los glaciares de Groenlandia. Veámoslo con datos: entre 1981 y 2010 la probabilidad de una «ola de calor» era del 5 por ciento. Si las temperaturas se incrementan en 1,5 °C sobre los niveles preindustriales, la probabilidad será del 28 por ciento. Con 2 °C, del 49 por ciento, y con 4 °C, del 92 por ciento.[24]

Finalmente, el IPCC calcula cuánto debemos reducir nuestras emisiones de CO_2 para situarnos en los diferentes escenarios. Es lo que se conoce como el presupuesto de CO_2. Merece la pena detenerse para analizarlo con un poco más de detalle.

Como hemos señalado, una característica de los gases de efecto invernadero (en particular del CO_2) es su larga vida en la atmósfera. No sólo importa cuánto emitimos cada año, sino el acumulado histórico de emisiones. Como diría un economista, es una cuestión de *stock*, no de flujos. De hecho, en 2020, a pesar de que las emisiones de CO_2 cayeron como consecuencia de la pandemia de la COVID-19 (aproximadamente un 7 por ciento), la concentración de CO_2 en la atmósfera siguió incrementándose.

Recordemos la relación estrecha entre la temperatura media

24. *The Economist*, «A Grim Outlook. How Worse Weather Will Disrupt Businesses and Their Supply Chains». *Special Report. The Economist*, 17 de septiembre de 2020.

del planeta y la concentración de CO_2 y otros GEI en la atmósfera: a mayor concentración, mayor temperatura. El IPCC pone números a esta relación: calcula que si a finales de siglo la concentración es inferior a 350 ppm, el incremento de la temperatura, respecto a los niveles preindustriales, será «probablemente»[25] de 1,5 °C. Si en cambio la concentración es de 450 ppm, el incremento será de 2 °C. Y así sucesivamente.

¿Cuántas toneladas de CO_2 podemos emitir a la atmósfera en cada escenario? Según el IPCC, para que el incremento de la temperatura sea inferior a 1,5 °C, el planeta tiene un presupuesto máximo de 2.620 Gt,[26] también a contar desde la era preindustrial. Si en cambio fuésemos más laxos, conformándonos con un incremento de la temperatura de 2 °C, el presupuesto total sería de 2.900 Gt. Para 3 °C, podríamos irnos hasta las 4.200 Gt.

Concentración CO_2-eq en 2100	Incremento probable de temperatura en 2100	Presupuesto total (Gt CO_2)	Presupuesto restante (Gt CO_2)
350	< 1,5 °C	2.620	420
450	< 2 °C	2.900	700
615	< 3 °C	4.200	2.000
860	< 4 °C	N. D.	N. D.
> 1.000	> 4 °C	N. D.	N. D.

Aquí es donde la distinción entre flujos y *stocks* entra en juego. Porque la mayor parte del presupuesto de CO_2 ya no está disponible. Se encuentra en la atmósfera. Son las emisiones mundiales acumuladas desde finales del siglo XIX. Nos hemos comido ya casi toda la tarta. El IPCC calcula que las emi-

25. *Probablemente,* de acuerdo con el IPCC, significa «con una probabilidad de al menos el 66 por ciento».

26. La traducción correcta de *gigatonelada* es miles de millones de toneladas. Sin embargo, la habitual confusión entre el *billion* anglosajón y el billón en castellano hace preferible optar por el anglicismo en este caso. La estimación para el escenario de 1,5 °C corresponde al informe especial del IPCC «Global Warming of 1.5 °C». Las restantes, al quinto informe, publicado en 2015.

siones mundiales desde la etapa preindustrial ascienden a 2.200 Gt.

Así que el presupuesto disponible es en realidad mucho menor. Así se recoge en la columna más a la derecha del cuadro anterior: para limitar el incremento de la temperatura a 1,5 °C apenas podemos emitir 420 Gt adicionales. En el escenario de 2 °C, 700 Gt. Y si nos conformamos con 3 °C, 2.000 Gt.

¿Cuánto emitimos cada año? En 2019 emitimos a la atmósfera alrededor de 36 Gt,[27] un número que sigue creciendo cada año. La tendencia al alza se debe al empuje de los países emergentes. China, con más de 10 Gt, es el mayor emisor mundial, y sus emisiones se incrementan a un ritmo de 0,5 Gt cada año. Pese a su fuerte incremento, las emisiones per cápita en China o India están todavía muy lejos de los países más desarrollados. Por mucho que los países desarrollados reduzcan sus emisiones, el empuje de los emergentes desequilibra la balanza. Decenas de millones de personas acceden cada año a automóviles, calefacción o aire acondicionado, lo que incrementa el consumo de energía y las emisiones de CO_2 a la atmósfera.

Durante los próximos años, las emisiones mundiales seguirán creciendo. Antes de 2030 habremos agotado el presupuesto de CO_2 para el escenario de 1,5 °C. Y seguramente antes de 2040 también el escenario de 2 °C. Algunos análisis han empezado a considerar que las emisiones en la segunda mitad del siglo XXI deben ser negativas (reduciendo cada año el CO_2 acumulado en la atmósfera), pero esto es algo que, como veremos, de momento es poco más que un anhelo.

¿Tenemos entonces todavía diez años —en el escenario de 1,5 °C— o veinte —en el de 2 °C— para reaccionar y evitar las

27. Fuente: Global Carbon Project. Véase: <https://www.globalcarbonproject.org/carbonbudget/20/files/GCP_CarbonBudget_2020.pdf>. El CO_2 sólo representa alrededor del 75 por ciento de los GEI; incluyendo todos las emisiones globales, ascendieron en 2020 a 43,1 Gt de CO_2 equivalente. Por otro lado, no todos los GEI acaban en la atmósfera, debido a la existencia de sumideros naturales (principalmente océanos, ríos y lagos). Por razones de simplicidad en la exposición, y teniendo en cuenta que estos dos efectos aproximadamente se cancelan mutuamente, se han omitido en el texto.

consecuencias del cambio climático? La respuesta es que no. En primer lugar, porque, como hemos visto, la mayor parte del desaguisado ya está hecho, son las emisiones acumuladas en la atmósfera. Pero es que, además, las sociedades no pueden cambiar de la noche a la mañana y convertirse en «libres de emisiones». Los vehículos que circulan por nuestras carreteras seguirán emitiendo CO_2 durante muchos años. Muchas de las calderas de las viviendas seguirán utilizando gas natural. Se trata de bienes de consumo duradero. Incluso si la industria cambiara por completo en los próximos años, si se produjera una verdadera revolución industrial y todos los vehículos nuevos que salieran de las fábricas fuesen eléctricos, y todas las calderas utilizasen fuentes de energía renovable, su efecto sería sólo paulatino. Tardaremos décadas en completar la renovación de los parques de vehículos y viviendas. Décadas que, como hemos visto, no tenemos.

La realidad, la inevitable realidad, es que seguramente superaremos el umbral de riesgo climático marcado por los informes científicos. La Agencia Internacional de la Energía ha estimado que, si todos los países son capaces de cumplir con los objetivos anunciados, es decir, si la comunidad internacional reacciona, si la industria se transforma de manera radical, si los consumidores modifican sus patrones de consumo, el incremento de la temperatura se situará alrededor de los 3 °C. Es decir, incluso en el mejor de los casos (recordemos: todo este libro parte de la hipótesis de que estaremos en el mejor de los casos), nuestro planeta será muy diferente al que conocemos. Un planeta con al menos 3 °C más de temperatura.

La negociación climática internacional

La Convención Marco de las Naciones Unidas sobre Cambio Climático fue aprobada en Río de Janeiro en 1992 por más de ciento cincuenta países. Los países participantes en la convención se reúnen anualmente desde 1995, en lo que se conoce como Conferencia de las Partes (COP). Durante la tercera COP, la celebrada en Kioto en 1997, se adoptó el denominado Protocolo de Kioto.

La negociación climática internacional tiene rasgos muy singulares. Hemos señalado algunos en este capítulo. Debido a la naturaleza de bien público del clima, los acuerdos deben ser tan amplios como sea posible, para evitar a los «polizones», países que se aprovechan del esfuerzo de los demás. Es necesario avanzar abarcando mucho, aunque sea lentamente. Éste fue precisamente uno de los errores de Kioto: era muy ambicioso para una serie de países, los comúnmente conocidos como «del anexo 1», pero, en cambio, dejaba fuera a muchos otros, los países en desarrollo.

Sin embargo, la realidad se movió en la dirección contraria. El peso de los países emergentes en las emisiones mundiales de CO_2 se ha disparado desde principios de los años noventa. Los denominados BRICS (Brasil, Rusia, India, China y Sudáfrica) son en la actualidad responsables de casi el 50 por ciento de las emisiones, aunque su peso en la economía mundial no llega al 25 por ciento. Si formásemos un hipotético G-8 climático según las emisiones anuales de CO_2, Canadá, Francia y Alemania perderían su silla en favor de la India, Brasil e Indonesia. La negociación climática es un adelanto de cómo serán las negociaciones internacionales dentro de un par de décadas. Geopolíticamente es como si nos encontrásemos en el futuro.

El caso de China es paradigmático. El PIB chino representa el 16,3 por ciento[28] del total mundial y su población, el 18,3 por ciento.[29] En cambio, las emisiones de CO_2 de la economía china representan el 29,3 por ciento del total.[30] Lo mismo ocurre con otros países emergentes, como la India (3,3 por ciento del PIB y 7,3 por ciento en las emisiones de CO_2), y justo lo contrario en los países más desarrollados, como Estados Unidos (24 por ciento del PIB mundial y «sólo» el 15 por ciento de las emisiones).

China está inmersa en un proceso de desarrollo que está lejos

28. Banco Mundial, en moneda corriente.

29. Banco Mundial.

30. Fleming, Sean, «Chart of the day: These Countries Create Most of the World's CO_2 Emissions», World Economic Forum, 7 de junio de 2019. Véase: <https://www.weforum.org/agenda/2019/06/chart-of-the-day-these-countries-create-most-of-the-world-s-co2-emissions/>.

de detenerse. Se prevé que la población urbana china crezca en más de 300 millones hasta 2030,[31] con un consumo medio de energía en las ciudades tres veces superior al medio rural. Los vehículos de motor dan otra medida del potencial de crecimiento en China. En la actualidad, en China apenas hay 180 vehículos por cada 1.000 habitantes, frente a 840 en Estados Unidos. Si a ello sumamos el crecimiento industrial y de otros sectores, las emisiones de CO_2 chinas seguirán creciendo durante los próximos años, sin que se estabilicen hasta al menos el año 2030. Éste es precisamente el compromiso adquirido por China en el marco de las negociaciones internacionales.

En la negociación climática internacional, la distinción entre países emergentes y desarrollados constituye una especie de telón de acero, que divide a dos grandes bloques. Dentro de cada uno, no obstante, existen algunos matices.

Entre los países desarrollados, la Unión Europea y Japón, por razones de índole histórica, política y económica, han actuado siempre como avanzadilla en las negociaciones climáticas, promoviendo compromisos ambiciosos y acciones decididas.

La UE se creó a partir de la orgía de destrucción de la segunda guerra mundial. Su convulsa historia se ha descrito, de forma simbólica, a través de las denominadas «capitales perdidas»:[32] ciudades emblemáticas que han cambiado de país. Es difícil encontrar dos representantes más genuinos de la identidad alemana que Immanuel Kant y Franz Kafka. El primero nació y vivió en Kaliningrado, un enclave hoy ruso, situado entre Polonia y Lituania. No hay constancia de que Kant pusiese nunca el pie en lo que hoy es Alemania. Franz Kafka nació en la Praga de 1883, donde la tradición germanoparlante comenzaba a declinar ante el empuje del movimiento nacionalista checo. Pese a ello, Kafka escribió toda su obra en alemán. En un guiño trágico de la histo-

31. Fei, Teng, «A View From China», en Barrett, Scott; Carlo Carraro, y Jaime de Melo, *Towards a Workable and Effective Climate Regime* (cap. 6), CEPR Press, Londres, 2015.

32. Este delicioso ejemplo histórico aparece en Neil MacGregor, *Germany: Memories of a Nation*, Penguin Books, Londres, 2014.

ria, fue precisamente la comunidad judía de Praga la que durante décadas mantuvo viva la llama del idioma alemán.

Tal vez por esa natural inclinación por las causas perdidas, de ese «bulevar de los sueños rotos», la UE abrazó con fuerza la causa del cambio climático a principios de los años noventa, convirtiéndola en una de las enseñas de la acción comunitaria. Había, también, razones más prosaicas: la UE importa casi la mitad de la energía que consume (sólo superada, entre los grandes países, precisamente por Japón), y un porcentaje todavía mayor de gas natural, cuyo principal suministrador es Rusia. Una debilidad geopolítica que ha dejado tiritando a Europa varias veces en los últimos años. Literalmente, porque tras las interrupciones del suministro de gas en 2006 y 2009, muchas ciudades del centro de Europa (hasta italianas) tuvieron dificultades para encender las calefacciones durante los inviernos, debido a la falta de gas disponible.

El liderazgo de la UE en la lucha contra el cambio climático es, en definitiva, una cuestión de supervivencia. Curiosamente, en otro de los guiños de la melancólica historia europea, fue un grupo de economistas británicos de la Comisión Europea los que en la década de los noventa empujaron a la UE a situarse en la vanguardia en la negociación climática internacional. En este sentido, es como si el Brexit hubiese movido otra de nuestras ciudades.

El caso de Japón es también paradigmático. Su insularidad lo convierte en un caso extremo de dependencia energética: casi el 94 por ciento de sus necesidades energéticas son cubiertas desde el exterior. La alta densidad de la población ha convertido desde siempre el aprovechamiento de los recursos en una prioridad nacional en Japón. Como veremos en el capítulo 2, la sociedad japonesa ofrece varias lecciones interesantes de cara al futuro.

Estados Unidos, por su parte, como veremos en el último capítulo, se ha caracterizado por una fuerte división partidista en torno a la cuestión climática, lo que, junto con la cohabitación de mayorías políticas de distinto signo, ha actuado como un pesado lastre en el papel de dicho país en las negociaciones internacionales. La presidencia de Obama fue una excepción: en noviembre de 2014 firmó un acuerdo decisivo con China, clave para el Acuerdo de París del año siguiente. Tras el cambio en la Casa Blanca, el presidente Trump dio marcha atrás, retirando al país del acuerdo, y Joe Biden regresó al mismo inmediatamente después de tomar posesión.

La división entre bloques ha constituido el principal punto de fricción en la negociación climática internacional. En los países más ricos, los servicios pesan más en su matriz económica; en los emergentes, en cambio, pesa más la industria, mucho más intensiva en energía. Los segundos crecen más rápido que los primeros. Reducir las emisiones de CO_2 penaliza más a China, India o Brasil que a los países desarrollados. Los países emergentes esgrimen, además, un poderoso argumento de equidad: al ser el calentamiento global una cuestión de *stock* de CO_2, es más justo analizar las emisiones históricas que las presentes. A fin de cuentas, los países desarrollados consumieron una gran parte del presupuesto mundial de CO_2 a lo largo del siglo XX. En efecto, el análisis de las emisiones históricas arroja un resultado bien diferente: los países desarrollados superan el 50 por ciento del total mundial y los emergentes apenas el 25 por ciento.

Desde el punto de vista ético, el argumento anterior es difícilmente rebatible. En la práctica, sin embargo, más allá de repartir responsabilidades históricas, la única manera de poner freno al proceso de calentamiento global es atajar las emisiones presentes y futuras, ya que, por el momento, las posibilidades técnicas respecto a las pasadas son limitadas.[33] Esto obliga a un esfuerzo de reducción de las emisiones muy alto entre las economías emergentes. Precisamente por ello, debe compensarse este sobreesfuerzo, y así se ha recogido en las negociaciones internacio-

33. Matizaremos esta afirmación más adelante, al hablar sobre la geoingeniería, las alternativas para actuar directamente sobre la atmósfera. Una manera de obligar a los países desarrollados a asumir una mayor responsabilidad por sus emisiones pasadas sería obligarlos a financiar la práctica totalidad de los esfuerzos internacionales en geoingeniería. Podrían utilizarse para ello los formatos de cooperación en materia espacial que existen entre distintos grupos de países.

nales, a través del compromiso de los países más ricos de compensar y movilizar inversiones en los países menos desarrollados.

Existe un tercer grupo de países, aquellos con una importante riqueza de recursos fósiles: Canadá, Australia, México, Rusia, Arabia Saudí o Venezuela son algunos de los países donde se concentran las reservas internacionales de hidrocarburos. Su posición en las negociaciones internacionales no ha sido lógicamente la más entusiasta. Como veremos en el capítulo 3, para limitar el incremento de la temperatura a unos rangos aceptables, gran parte de las reservas existentes de hidrocarburos tendrá que quedarse bajo tierra. El patrimonio de estos «petroestados», sus reservas petroleras, perderá una parte importante de su valor. Muchos de estos países se han puesto manos a la obra, anunciando importantes iniciativas hacia la transición energética. Abu Dabi, por ejemplo, ha anunciado ambiciosos objetivos para reducir sus emisiones en el año 2030 y apostó fuerte para albergar la sede de IRENA, la agencia internacional de energías renovables. Incluso entre estos países, empiezan a surgir las dudas.

El Acuerdo de París

Durante años, estos tres grupos de países, desarrollados, emergentes y petroestados, se movieron en sus respectivas órbitas. Poco a poco, la necesidad se convirtió en virtud y se multiplicaron los puntos de contacto. Europa y Japón reforzaron su ambición, Estados Unidos dejó de poner zancadillas, los países emergentes compusieron sus equilibrios internos y las potencias fósiles concluyeron que sería un error perder la comba de la transición energética. Las posiciones maximalistas del sistema de Kioto, con objetivos rígidos, dieron paso a posiciones más incrementalistas, que culminaron en el acuerdo alcanzado en París en diciembre de 2015, durante la celebración de la COP-21. El Acuerdo de París se construyó sobre mecanismos de coerción suave: los objetivos son voluntarios, no obligatorios. Se busca que los países más ambiciosos inspiren al resto, a través de su ejemplo, a incrementar sus compromisos. El acuerdo prevé la revisión de los objetivos nacionales cada cinco años, con la confianza de que este mecanismo de presión mutua, junto con el desarrollo tecnológico, genere un círculo virtuoso, donde las oportunidades sean cada vez mayores y los perjuicios cada vez más pequeños. Se trata, en definitiva, de superar la visión de la negociación climática como un juego de suma cero que ha dominado la escena internacional desde principios de los noventa, sustituyéndola por una partida donde todos los participantes ganan.

¿Es el camino correcto? Hay voces autorizadas, como la del premio Nobel William Nordhaus, muy críticas con esta naturaleza voluntaria del Acuerdo de París. La tensión que existe entre alcanzar un acuerdo global y hacerlo coercitivo, empero, es evidente. Tal vez el Acuerdo de París no sea el correcto, sino el único viable. Pero es cierto que, más allá de su arquitectura, hay una importante disonancia. Por un lado, están los compromisos individuales, que deben reflejar la «ambición más alta posible», y el principio de responsabilidades «comunes pero diferenciadas». Por otro lado, existe un compromiso colectivo, el de mantener la temperatura claramente por debajo de los 2 °C y acercarse al objetivo de los 1,5 °C.

La disonancia se produce porque incluso si se cumplen escrupulosamente los compromisos adquiridos en París por todos los países, incluido Estados Unidos, es necesario un esfuerzo de reducción adicional de alrededor de 20 Gt de CO_2 en 2030 para no desviarnos del escenario de los 2 °C.[34] Es decir, incluso si nos situamos en el mejor escenario, en el que todos los países cumplen, nos haría falta el doble de ambición para cumplir el Acuerdo de París. El riesgo es evidente: al insistir en objetivos inalcanzables, se provoca un divorcio con la realidad que puede generar frustraciones en el mejor de los casos, cuando no comportamientos fraudulentos, como se vio, por ejemplo, con el escándalo de las emisiones en el fabricante de automóviles Volkswagen.

Los símbolos han tenido una poderosa capacidad taumatúrgica desde las civilizaciones más primitivas hasta las presentes,

34. World Energy Outlook, 2019.

como Elias Canetti documentó magistralmente.[35] O la carrera a la Luna, un proyecto científicamente secundario que el presidente Kennedy convirtió en una empresa colectiva que cautivó a los estadounidenses. Es conocida la anécdota de una visita de Kennedy al centro del espacio de la NASA en 1962. Al encontrarse a un trabajador que empujaba un carrito de limpieza y preguntarle cuál era su trabajo en las instalaciones, el hombre respondió: «Estoy ayudando a poner un hombre en la Luna, presidente».[36]

Cualquier empresa humana, y el cambio climático es probablemente una de las más abrumadoras de la historia, necesita asideros emocionales, imágenes que vertebren y hagan carnales los esfuerzos colectivos. Además, es cierto que los objetivos irrealistas generan más problemas en un sistema rígido como el de Kioto que en uno flexible como el de París. Pero aun reconociendo la capacidad de movilización de los símbolos, debe evitarse que la insistencia en objetivos inalcanzables se convierta en una suerte de superchería. Este libro es mi modesta contribución hacia esta empresa.

¿Existe alguna solución mágica?

La acumulación de GEI en la atmósfera y el inexorable avance del calentamiento global obligan a consultar el recetario de urgencia y preguntarnos si existe alguna solución mágica, una bala de plata para detener el proceso y devolvernos a la senda de la estabilidad climática.

Un primer grupo de opinión defiende la existencia de mecanismos de estabilización automática en el sistema climático. La idea es que nuestro planeta, como cualquier ser vivo, cuenta con

35. Canetti, Elias, *Masa y poder*, 1960.

36. Nemo, John, «What a NASA Janitor can Teach us About Living a Bigger Life», *The Business Journals*, 23 de diciembre de 2014. Véase: <https://www.bizjournals.com/bizjournals/how-to/growth-strategies/2014/12/what-a-nasa-janitor-can-teach-us.html>.

factores autocorrectivos para adaptarse y sobrevivir al proceso del calentamiento global.[37] Los análisis científicos estarían, según esta opinión, sobredimensionando los riesgos del cambio climático al negar esta capacidad de respuesta endógena. Sin embargo, aunque algunas especies sean capaces de adaptarse al calentamiento del planeta, los riesgos climáticos son agregados, no individuales. En este sentido, la evidencia disponible sugiere lo contrario, la existencia de desestabilizadores automáticos. Por ejemplo, la capacidad de absorción de CO_2 en los océanos se reduce considerablemente al aumentar su temperatura media. O los denominados riesgos clave, como la desaparición de los glaciares de Groenlandia, que pueden provocar reacciones en cadena que aceleren el proceso de cambio climático. Pese a movernos en el terreno de la incertidumbre, la mayoría de los modelos climáticos identifica relaciones no lineales en el calentamiento global: cuanto más aumenta la temperatura del planeta, detener este proceso se vuelve cada vez más difícil. Algo parecido a lo que ocurre en un incendio. La primera llama se puede apagar con el pie. Pero, como se escape de control, incluso la brigada antiincendios mejor equipada puede ser insuficiente.

Algunas voces ven una bala de plata en la denominada geoingeniería,[38] que consiste en actuar sobre el otro lado de la ecuación. Normalmente la lucha contra el cambio climático busca incrementar la cantidad de energía que abandona nuestro planeta (reduciendo la concentración de CO_2 en la atmósfera). La geoingeniería, por el contrario, persigue reducir la energía que entra en el planeta. Para ello, se investigan alternativas como inyectar partículas de azufre en la parte alta de la atmósfera, nubes reflectantes o, en su forma más futurista, campos de espejos para devolver al espacio exterior parte de la energía procedente del Sol. Como casi todas las investigaciones científicas, las raíces de estos trabajos se sitúan en fenómenos naturales. Durante la primera década

37. Un ejemplo de estas opiniones se puede encontrar en Jonathan Franzen, «The Other Cost of Climate Change», *The New Yorker*, marzo de 2015.

38. Morton, Oliver, *The Planet Remade: How Geoengineering Could Change the World*, Princeton University Press, Princeton, NJ, 2016.

del siglo XXI, tuvo lugar un incremento de la actividad volcánica, que algunos estudios relacionaron con el denominado «hiato climático», una aparente ralentización del incremento de la temperatura del planeta en la primera década del siglo XXI, sobre la que existe una acalorada discusión científica. Se trata, sin duda, de una apasionante línea de investigación, pero a día de hoy los avances apenas permiten albergar mínimas esperanzas, y en todo caso la geoingeniería no puede constituir la única respuesta al proceso de cambio climático.

Finalmente, están también los esfuerzos de adaptación. La comunidad internacional ha asumido la necesidad de combinar la mitigación (reducción de emisiones) con la adaptación al nuevo clima. El cambio climático no es sólo una amenaza para las generaciones futuras, sino una realidad para una parte creciente del planeta. En muchos países, sus efectos son ya evidentes, y por ello la adaptación se ha convertido en una pieza esencial de la respuesta de Gobiernos, empresas e individuos. Sin embargo, de nuevo, la adaptación, aun siendo necesaria, no es suficiente. El coste de la adaptación crece exponencialmente a medida que aumenta la temperatura del planeta. Y, como es evidente, las medidas de adaptación no hacen nada por atajar las raíces del proceso de cambio climático.

Para terminar

Durante los últimos ciento cincuenta años la humanidad ha emitido a la atmósfera una cantidad de CO_2 sin precedentes, lo que ha provocado un incremento de la temperatura media superior a 1 °C. La tendencia se ha acelerado en los últimos años: si seguimos por el mismo camino, el equilibrio climático del planeta y la vida de muchas especies —incluida la nuestra— podrían encontrarse en peligro.

Tres factores lo explican: una razón económica, la existencia de una externalidad en la transformación de la energía a partir de combustibles fósiles; otra política, la naturaleza comunal del clima, que es un bien público, y de las emisiones de CO_2, que constituyen un «mal público»; y, finalmente, un tercer factor de orden moral, la compleja relación que mantenemos las generaciones presentes con las futuras.

La respuesta al cambio climático debe articularse en estos mismos tres planos: económico, político y moral. Mientras Kioto se centró exclusivamente en la parte económica, el Acuerdo de París de 2015 fue mucho más sensible a las cuestiones políticas, lo que lo convirtió en un acuerdo verdaderamente global al incluir a países emergentes, desarrollados y potencias fósiles. Para conseguirlo, el acuerdo relajó las férreas costuras de Kioto y apostó por un modelo más flexible, la única opción realista. París es, en ese sentido, una hoja de ruta más que un manual de instrucciones: señala el camino que debemos emprender, pero no contiene todas las claves para completar el recorrido.

Es en el tercer aspecto, el moral, donde en mi opinión queda más camino por recorrer: estableciendo un reparto aceptable y equitativo de los esfuerzos entre las generaciones presentes y las futuras. Aunque la pregunta admite muchos matices, una de las cuestiones fundamentales que como sociedad debemos responder para resolver la encrucijada climática es a cuánto del presente estamos dispuestos a renunciar para preservar una parte del futuro. Es una pregunta de naturaleza moral, más que política o económica. La brecha entre generaciones aparecerá de forma recurrente a lo largo de este libro.

El cambio climático no es la única encrucijada a la que se ha enfrentado la humanidad. Sin embargo, pocas veces en la historia hemos sufrido una amenaza tan compleja de gestionar, con tantos riesgos e incertidumbres, y con la necesidad de coordinar a tantas partes. El cambio climático exige una coalición universal, entre Gobiernos, empresas y ciudadanos. Sin embargo, ninguna otra empresa colectiva en la historia ha tenido tal confluencia de intereses ni se ha afrontado con tanta información disponible.

Sabemos que el reloj climático se está agotando, aunque todavía estamos a tiempo de evitar que se detenga por completo. Entramos en una nueva realidad climática, un planeta distinto, así que no nos quedará más alternativa que acostumbrarnos a vivir en él. Muchas de nuestras costumbres cambiarán para siempre: lo hará nuestra forma de vida personal, en las familias, pero también nuestra actividad profesional, las empresas, y nuestra vida colectiva, en las ciudades o en la discusión política. Será, en definitiva, un mundo nuevo. Dedicaremos los próximos capítulos a conocerlo.

2

La familia

La vida es demasiado corta para una historia larga.

Lady Mary Wortley Montagu,
Selected Letters

Madrid, 28 de noviembre de 2025 (9.15 a. m.)

Discutir con su padre alteraba el ánimo de Rodrigo tanto como la falta de oxígeno. El pulso se le aceleraba, como si arrancase a galopar, y su circulación parecía espesarse, hasta hacerle sentir el abultado trasiego de la sangre palpitando en su cuello. Una sensación parecida a la de practicar escalada, una de sus aficiones. Mejor dicho, a la de completar una escalada. Una mezcla de adrenalina y azufre que le dejaba un regusto salado en la boca y la atención dispersa durante un largo rato.

Rodrigo puso agua a calentar mientras repasaba mentalmente todo lo dicho y, como siempre tras una fuerte discusión, también lo no dicho, las frases que se habían quedado en el tintero, que son las que más queman. Los franceses tienen una deliciosa expresión, lo llaman el «espíritu de la escalera». Rodrigo necesitaba expulsarlo para volver a centrarse. Una taza de té le ayudaría. La mitad de sus genes, los de su padre, tenían origen sirio. A Rodrigo le gustaba pensar que había heredado de él únicamente dos cosas: la afición por el té y la prisa por salir corriendo de todos los sitios. Samir, su padre, había escapado de Siria después de una guerra interminable y una sed que nunca había conseguido saciar. Veinte años más tarde, todavía vivía obsesionado con tener siempre a mano una botella de agua. Abajo, en el sótano, se amontonaban decenas sin abrir, de distintas marcas y fechas, algunas con la etiqueta descolorida, otras completamente raídas. El siseo de la tetera rescató a Rodrigo de esta cadena libérrima de pensamientos y le hizo recuperar algo de orden mental: tenía un examen de matemáticas a las 10.00 y debía dedicar un rato antes a repasar, además de cinco minutos para la firma y la autenticación. Para no apurar demasiado, tendría que estar listo a las 9.50. No disponía de mucho margen. Absorto como estaba, dejó la *kettle* silbando más tiempo del necesario, hasta que escupió el tapón exterior, que salió disparado. Al unísono, escuchó el timbre de la puerta. A esta hora sólo podía ser uno de sus padres o el repartidor de Amazon. Seguramente sería este último. Nadie regresa inmediatamente al lugar de una discusión para remendar un olvido. Sería darle más enjundia al despiste que a la disputa previa, una forma de dar postreramente la razón. Rodrigo recogió el tapón del suelo y apartó la *kettle* antes de abrir la puerta. Era el repartidor de Amazon. Se había convertido en una de las caras más habituales durante las semanas de «instituto en casa». Rodrigo lo saludó con timidez y firmó rápidamente mientras recibía el paquete. Por la forma, parecía un libro. Venía a nombre de su abuelo, Adib Qara. No podía ser para otra persona: en aquella casa, sólo él seguía leyendo en papel. Rodrigo no entendía por qué, tampoco nunca se lo había preguntado. Tal vez le resultaba difícil manejarse con la tableta, aunque jamás lo reconocería. Era cabezón. O quizá era un refugio más íntimo, y los libros transportaban a su abuelo a un tiempo mejor, cuando tenía casa y familia propia, en lugar de vivir arrendado en ambas. Rodrigo tenía mucha más paciencia con su abuelo que con su padre. A éste le habría lanzado toda clase de reproches por comprar un libro en papel. El material malgastado, el transporte, el sueldo miserable del repartidor. «Todo por un capricho exhibicionista, por fabricarte una pose del intelectual que nunca has sido», se imaginaba diciendo. Otra vez el espíritu indomable de la escalera despertándose. Interrumpió la escena en su cabeza y decidió guardar el libro, en lugar de avisar a su abuelo. Corría el riesgo de caer en una conversación laberíntica que consumiese el poco tiempo que no tenía. Su abuelo conservaba intactas las facultades, o eso se empeñaba en creer Rodrigo. Su única dificultad era el idioma, y por eso alargaba hasta el intercambio más banal de frases. Su abuelo había aprendido el castellano a través de un médico español que estuvo varios años como voluntario en Sasa, su ciudad natal en Siria. Pero Adib nunca consiguió aprender más de dos o tres frases. Su hijo, en cambio, el padre de Rodrigo, aprovechó mejor aquella amistad y prácticamente se convirtió en bilingüe. Poco después, siempre deprisa, Samir se fue a vivir a Damasco, a ganarse la vida con apenas quince años, mientras su padre se quedaba cuidando de una cabra coja y una oveja estéril. Con los idiomas como salvoconducto, Samir escapó tan pronto como pudo, primero a Turquía, luego a Grecia, y de allí, escondido en un camión, cruzó media Europa hasta acabar en Madrid. Mientras, su padre siguió en su aldea, pensando que allí nada le podía pasar, antes de que le pasase de todo. Primero se murió la cabra, tras caerse por un barranco en un traspié desafortunado; la oveja se murió sola, de vieja, de pena o de sed, nunca lo supo; y, finalmente, también murió su mujer. Se murió no, la mataron. La mataron en vida primero, arrancándole la vida también a él. Y después remataron el cuerpo, ya sin alma. Unos soldados andrajosos, que como no pudieron saciar su sed ni su hambre, se llevaron a la abuela de Rodrigo para robarle lo único que tienen las mujeres en Siria: su dignidad.

Rodrigo no podía arriesgarse a que su abuelo abriese la escotilla de la memoria. Aunque le costaba reconocerlo, tampoco conseguía acostumbrarse a su olor dulzón. Desde que empezaron las restricciones de agua, su abuelo las aplicaba a rajatabla. Casi tenían que meterlo a empujones en la bañera, como mucho lo conseguían una única vez por semana. A Rodrigo le picaba la curiosidad, otro fantasma inquieto. Miró el reloj. Le sobraban apenas unos minutos. Sin pensarlo demasiado, quitó el envoltorio del libro. Siempre le podría decir a su abuelo que había llegado así. El título presionó un lejano resorte en su memoria: *Forty Days of Musa Dagh*. ¿No era la historia del genocidio armenio? Alguna vez su padre había hablado de aquel episodio. Nunca le hacía demasiado caso cuando empezaba a divagar. Lo abrió por la primera página. Para su sorpresa, encontró una dedicatoria con una caligrafía suave, femenina, delicadamente trazada. Seguramente la firma de una persona mayor; ya nadie escribía con tanto cuidado: «Life is too short for a long story». «La vida es demasiado corta para una historia larga.» Sólo entonces reparó en que el libro era un regalo. ¿Quién lo enviaba? ¿Por qué ese libro? ¿Qué significaba la dedicatoria? Miró de nuevo el reloj. Las 9.45. Dudó entre llevarse el libro o dejarlo en el mueble de la escalera. Finalmente lo dejó. Ya con prisa, encendió el ordenador. «La vida es demasiado corta para una historia larga, pero también es demasiado larga para una historia corta», fue lo último que pensó antes de sumergirse en la geometría.

Laudato sí. Sobre el cuidado de la casa común.[39] El papa Francisco dedicó su primera encíclica a lo que denominó «la casa común del planeta». La pieza, poderosa en lo simbólico y con un estilo literario sencillo y cercano (no por casualidad Jorge Mario Bergoglio tomó su nombre papal de Francisco de Asís), repasa las causas científicas y las implicaciones morales del cambio climático. La encíclica enumera los efectos del calentamiento global sobre los hongos, las algas, los gusanos, los insectos, los reptiles, los peces, los cangrejos y los moluscos, entre otros animales. Y también se pregunta por su dimensión social, por «la pérdida de identidad» en las sociedades modernas, por «los efectos laborales de algunas innovaciones tecnológicas, la exclusión social, la inequidad en la disponibilidad y el consumo de energía y de otros servicios, la fragmentación social, el crecimiento de la violencia y el surgimiento de nuevas formas de agresividad social». A lo largo de sus casi cien páginas, sin embargo, hay una ausencia que llama especialmente la atención: la familia. Una ausencia inesperada en una carta pastoral del pontífice de la Iglesia católica.

¿Es que acaso el cambio climático no tendrá implicaciones so-

39. <http://www.vatican.va/content/francesco/es/encyclicals/documents/papa-francesco_20150524_enciclica-laudato-si.html>.

bre la familia, quizá la institución social más antigua? En este capítulo trataremos de responder a esta pregunta. Resumidamente (una nueva oportunidad para los lectores perezosos), la respuesta es un sí rotundo: el incremento global de la temperatura acarreará importantes cambios sobre nuestra forma de vida familiar. En el planeta diferente que hemos introducido en el capítulo anterior, las familias serán muy distintas a las que conocemos ahora. Se agravará la caída de la natalidad y se incrementará el número de familias con un solo hijo (como la de Rodrigo). A su vez, el calentamiento del planeta provocará desplazamientos de población, lo que creará tensiones en los países receptores de los flujos migratorios. La pinza entre baja natalidad y restricciones sobre la inmigración dará lugar a una población cada vez más envejecida.

La encíclica del papa Francisco es un ejemplo característico de lo que frecuentemente ocurre al abordar el cambio climático. Las miradas se dirigen al futuro, pero suelen pasar por alto lo más próximo. Sin embargo, muchas de las claves futuras se encuentran ya entre nosotros. Tomemos, por ejemplo, el envejecimiento de la población mundial: no está claro que el cambio climático esté teniendo un papel relevante en el mismo (aunque tampoco cabría descartarlo). Lo que sí sabemos, en cambio, es que el cambio del clima acelerará la tendencia hacia el envejecimiento en las próximas décadas, como veremos en este capítulo. ¿Cuáles serán sus consecuencias?

El envejecimiento de la población tiene múltiples efectos. Tensiona las cuentas públicas, al invertir la proporción entre trabajadores y jubilados. Aumenta gastos como las pensiones o la atención sanitaria; por el lado de los ingresos, reduce el número de contribuyentes. Más gastos y menos ingresos, desequilibrando las cuentas públicas.

El envejecimiento también produce otros efectos económicos: una persona jubilada ahorra, de media, mucho menos que otra en edad de trabajar. Las economías con un alto porcentaje de población jubilada generan, en agregado, un menor volumen de ahorro con el que financiar nuevos proyectos, por lo que necesitan endeudarse con el exterior o reducir sus niveles de inversión, lo que a su vez genera otro tipo de vulnerabilidades.

En este capítulo pasaremos por alto muchos de estos efectos macroeconómicos, para centrarnos en los que atañen propiamente a la estructura molecular de nuestra vida en sociedad, las familias. Nos preguntaremos por el efecto del cambio climático sobre la natalidad, los matrimonios o la corresidencia dentro de los hogares de varias generaciones. Antes, a modo de introducción, haremos una breve excursión por el futuro visitando el pasado de un país del presente. Para describir los cambios sociales, utilizaremos una sociedad conocida. Un país con natalidad baja, política migratoria restrictiva y elevada esperanza de vida, que convierten a su población en una de las más envejecidas del planeta: Japón. ¿Es un espejo donde mirarnos? ¿Será uno de los resultados del cambio climático la «niponización» de las sociedades occidentales?

El Imperio del Sol Naciente

La historia de Japón es un fascinante crisol de influencias cruzadas, especialmente en los últimos dos siglos. También un ejemplo de superación por el hombre de las limitaciones impuestas por la falta de recursos naturales.

Japón comparte con China y otros países vecinos, como Corea o Vietnam, una misma tradición confucionista, que se asienta sobre la armonía social, la familia y los valores colectivos, frente al mayor individualismo que predomina en Occidente. Decía Ruth Benedict que la asiática es una cultura de la «vergüenza», frente a la cultura de la «culpa» en Europa, de inspiración judeocristiana. Razonaba que la vergüenza es un sentimiento que brota cuando nos miramos con el prisma de los demás; la culpa, en cambio, cuando lo hacemos con el propio. Es una de las muchas formas de diferenciar el confucionismo de la filosofía judeocristiana.

Sobre ese poso común, sin embargo, existen muchas diferencias dentro de los países de tradición confucionista. Japón y China, las dos principales potencias de la región, se han disputado su hegemonía a lo largo de la historia. Japón es un archipiélago de islas, y como tal ha vivido históricamente bajo la sombra de la escasez de la tierra y los recursos naturales. Sus cinco islas principales están entre los lugares más densamente poblados del planeta. China, en cambio, vive la situación opuesta: su extensísimo territorio la provee de una abundancia casi inagotable de recursos, tanto naturales como humanos. Japón, social y económicamente, es un modelo de aprovechamiento intensivo de los recursos; China representa el ejemplo opuesto, el de la utilización extensiva.

La política exterior de ambos países también ha discurrido por caminos inversos. Aunque la historia de la segunda mitad del siglo XX sugiera lo contrario, la política exterior japonesa ha sido tradicionalmente mucho más agresiva que la china. Debido a la escasez de recursos, Japón siempre tuvo que salir hacia fuera, mientras que a China le bastaba con defender sus fronteras. Deng Xiaoping dejó escritas en unas breves notas (las «veinticuatro palabras») una especie de estrategia milenaria china, como guía de la relación de China con el resto del mundo: «Observa con cuidado; asegura nuestra posición; haz frente a los asuntos con calma; esconde nuestra capacidad y espera nuestro tiempo; mantén un perfil bajo, y nunca reclames liderazgo». Como si ya anticipase el advenimiento de Twitter, el líder chino escribió también otra versión todavía más corta: «Las tropas enemigas están a las puertas del muro. Son más fuertes que nosotros. Deberíamos estar principalmente a la defensiva».[40]

«Principalmente a la defensiva.» Para Deng Xiaoping, China debía defenderse como estrategia nacional, precisamente por la vasta superioridad de sus recursos. Esta actitud contrasta con la enfática historia imperial japonesa que todavía hoy adorna sus libros de texto. Veamos un ejemplo, un pasaje de un libro de geografía que encuentra un significado ulterior hasta en la ubicación de Japón en el mapa: «[su ubicación] no está exenta de significado. Es como si estuviésemos sobresaliendo en la van-

40. Kissinger, Henry, *On China*, Penguin Press, Nueva York, 2011. Versión castellana de Carme Geronès y Carles Urritz, *China*, Debate, Barcelona, 2012.

guardia de Asia, avanzando valientemente hacia el Pacífico».[41] «Sobresaliendo», «avanzando valientemente». Japón se ve a sí mismo en movimiento, saliendo hacia fuera, escapando de sus contornos físicos.

Cuando en el siglo XIX Japón y China sufrieron la presión de las potencias occidentales, respondieron de forma diametralmente opuesta. Jared Diamond ha repasado de forma amena ambos episodios.[42] Empecemos por China: el té y la seda, entre otros productos, eran muy apreciados en Occidente. Como no había productos occidentales que interesasen tanto en China, el déficit comercial entre ambas regiones empezó a dispararse. Para contrarrestarlo, Gran Bretaña tuvo una brillante idea: utilizar en sus intercambios comerciales un producto que existía en abundancia en sus dominios coloniales, opio barato procedente de la India. El Gobierno chino se opuso para proteger la salud pública de su población. El resultado fueron las llamadas guerras del Opio entre 1839 y 1842, en las que Gran Bretaña demostró una apabullante superioridad naval sobre China y obtuvo importantes concesiones, como el libre acceso a cinco puertos costeros chinos, que rápidamente se extendieron a Francia y Estados Unidos.

En el caso de Japón, el conflicto no fue con el Reino Unido, sino con la potencia emergente entonces, Estados Unidos. Para garantizar el tráfico por el Pacífico de los cargamentos de oro procedentes de California, en 1852 el presidente estadounidense, Millard Fillmore, envió a Japón al comodoro Mathew Perry con una flota de apenas cuatro barcos alimentados por un invento reciente, la máquina de vapor, que les otorgaba una potencia naval muy superior a la japonesa. Perry desembarcó (sin autorización) en la bahía de Tokio para entregar personalmente las demandas de su Gobierno. Para entendernos, el desembarco de Perry en Tokio fue

41. Buruma, Ian, *The Wages of Guilt*, Farrar, Straus & Giroux, Nueva York, 1994.

42. Diamond, Jared, *Upheaval: Turning Points for Nations in Crisis*, Little, Brown and Company, Boston, MA, 2019. Versión castellana de María Serrano, *Crisis: Cómo reaccionan los países en los momentos decisivos*, Debate, Barcelona, 2019.

algo parecido a la invasión napoleónica de España de 1808: los «invasores» entraron sin preguntar, una ocupación más que un ataque militar. Hubo, en cambio, una importante diferencia: los japoneses no se resistieron, al contrario que los españoles tras la invasión francesa, sino que aceptaron todas las exigencias de Estados Unidos.

Como era previsible, esta «rendición» provocó una crisis política en Japón, de la misma forma que la «huida» de Fernando VII la provocó en España. Pero si las consecuencias en nuestro país se diluyeron rápidamente —la Constitución de 1812 tuvo una vigencia efímera, Fernando VII regresó al trono y fracasaron los intentos posteriores de reforma liberal—, los japoneses aprovecharían su crisis nacional para reformar casi por completo su régimen político, el Gobierno militar absolutista conocido como *shogunato*. En Japón, la Restauración Meji arrebató el poder a los militares del *shogunato*, «restaurando» el poder del emperador. Fue, salvando las distancias, la transición japonesa hacia un modelo político liberal. El pragmatismo se convirtió rápidamente en la moneda de cambio del nuevo régimen. Convencidos de que el camino para recuperar la hegemonía perdida pasaba por la industrialización y el crecimiento económico, Japón respondió al desafío de Estados Unidos de una manera poco intuitiva: occidentalizándose. Siguiendo con la analogía, es lo que también intentaron en España, con menos éxito, los llamados afrancesados: resistir a la invasión napoleónica afrancesando España.

Japón concluyó que el tren de la industrialización circulaba demasiado rápido para frenarlo, y que la única alternativa era copiar de otros países aquello que le faltaba: de los británicos, la flota; de los alemanes, el ejército, y de los franceses, los códigos de leyes. Japón entró en un proceso de occidentalización de sus costumbres que todavía hoy puede advertir cualquier turista extranjero, que se sentirá menos extraño en Tokio que en cualquier otra capital asiática. La occidentalización como camino al desarrollo, una receta que más adelante replicarían Corea del Sur y Singapur, que no obstante tendría sólo un éxito relativo tras la caída del bloque comunista en Europa del Este, y que sería un fracaso sin paliativos cuando se intentó reproducir en Oriente Medio. La historia ofrece recetas, pero no fórmulas exactas.

En el caso japonés, también tuvo sus matices. Porque, mientras se occidentalizaban las costumbres y el país disfrutaba de décadas de intenso crecimiento industrial, Japón incubó también otro de los procesos febriles más habituales de finales del siglo XIX: el nacionalismo. Como resultado de esta política de desarrollo económico y rearme nacional, surgieron conflictos armados puntuales con sus vecinos: la guerra sino-japonesa de 1895 y la ruso-japonesa en 1904, ambas resueltas a favor de Japón, para sorpresa de la mayoría de los observadores de aquella época. La política exterior japonesa fue gradualmente subiendo en decibelios y agresividad, hasta culminar en la segunda guerra mundial con la invasión de China en 1937 y el ataque a la flota de Estados Unidos en Pearl Harbor en 1941.

Tras la derrota militar y el trauma de las bombas atómicas sobre Hiroshima y Nagasaki, la Constitución japonesa de 1947, redactada casi en su totalidad por juristas y militares estadounidenses, con el general Douglas MacArthur a la cabeza, declaró en su famoso artículo 9 que «el pueblo japonés renuncia para siempre a la guerra como derecho soberano de la nación y a la amenaza o al uso de la fuerza como medio de solución en disputas internacionales».

En la segunda mitad del siglo XX, Japón retomó el proceso de industrialización y crecimiento económico iniciado bajo la Restauración Meji, pero despojándolo de cualquier ambición imperialista. El resultado de concentrar sus esfuerzos colectivos en lo económico, como Alemania en el mismo período, fue un vertiginoso crecimiento durante más de tres décadas, que situó a Japón prácticamente a las puertas de competir con Estados Unidos como primera potencia económica, antes de que una burbuja inmobiliaria (en esto la historia también se repite) provocase una indigestión que llevó a Japón a una etapa de estancamiento económico, deflación y bajos tipos de interés, que dura ya más de tres décadas.

Japón tiene en la actualidad una de las tasas de natalidad más bajas del planeta: de media, 1,27 hijos por madre a lo largo de su vida fértil, frente a una media mundial de 2,5 (la tasa necesaria para mantener a la población constante es de 2,1). Entre los países desarrollados, sólo Corea del Sur y Polonia tienen valores más bajos. La ratio entre trabajadores activos y jubilados en Japón, de 9 a 1 en 1965, es en la actualidad de apenas 2,4 y se prevé que siga reduciéndose hasta situarse en 1,3 en 2050.[43]

Japón tiene también uno de los sistemas más restrictivos para la inmigración y la naturalización, es decir, tanto para facilitar la residencia a la población procedente de otros países, como para acceder a la nacionalidad japonesa a los ya residentes. El resultado es que Japón es uno de los países menos diversos de la OCDE.[44]

El resultado de esta peculiar historia es la sociedad japonesa actual: una población envejecida, muy homogénea, con una bajísima natalidad y una economía caracterizada por la secular escasez de recursos, que requiere de altas dosis de innovación simplemente para mantener los estándares de vida actuales.

¿Por qué nos hemos detenido tanto en la particular historia de Japón en los dos últimos siglos? Porque, como veremos a continuación, Japón es un espejo donde mirarnos: las sociedades «poscambio climático» tendrán muchos rasgos parecidos a los que acabamos de describir para Japón. El cambio climático conducirá, en muchos sentidos, a la niponización de nuestras sociedades.

La bomba de la despoblación

En 1968 se publicó *La explosión demográfica* (*The Population Bomb*, en inglés), una obra escrita por Paul R. Ehrlich, un profesor de la Universidad de Stanford especializado en el estudio de

43. Diamond, *Upheaval*, *op. cit.*

44. Fukuyama, Francis, *Identity: The Demand for Dignity and the Politics of Resentment*, Farrar, Straus and Giroux, Nueva York, 2018. Versión castellana de Antonio García Maldonado, *Identidad: La demanda de dignidad y las políticas de resentimiento*, Deusto, Barcelona, 2019.

las mariposas, y su mujer, Anne H. Ehrlich, experta en demografía. Curiosamente, la editorial insistió en que sólo el nombre del primero apareciese como autor del libro.

La obra, que se convirtió rápidamente en un superventas, con más de dos millones de copias vendidas, alertaba sobre el crecimiento explosivo de la población mundial y predecía una hambruna generalizada en la década de los ochenta como consecuencia de la presión demográfica.

Cincuenta años después, la verdadera bomba demográfica es la contraria de la predicha por el matrimonio Ehrlich: la despoblación. A mediados del siglo XX, a nivel mundial, una mujer tenía cinco hijos de media a lo largo de su vida fértil. En la actualidad este número ha caído hasta la mitad, 2,5. ¿Cómo se explica esta vertiginosa caída?

No existe una razón única, pero generalmente se apuntan tres tipos de explicaciones: la radical transformación del papel de las mujeres en las sociedades modernas, con un mayor acceso a la educación y al mercado laboral, la caída de la mortalidad infantil y el incremento del coste de tener hijos.[45] El desarrollo de los métodos anticonceptivos ha facilitado esta rápida transformación, y también podrían haber contribuido factores culturales como la caída de la religiosidad, aunque su importancia es discutible (la fertilidad ha caído más rápidamente en los países islámicos a pesar de que el nivel de religiosidad lo ha hecho más en las sociedades cristianas).

El patrón se repite en casi todos los países. A medida que una economía se desarrolla, la fertilidad disminuye rápidamente. Existen, sin embargo, importantes matices. La tasa de fertilidad tardó casi cien años en reducirse a la mitad en el Reino Unido o Estados Unidos (pasando de seis a tres hijos), mientras que otros países como Irán y China apenas tardaron diez años en recorrer el mismo camino, en el caso chino tras la adopción de la política de «un solo hijo» a finales de los setenta, uno de los experimentos sociales más gigantescos de la historia.

45. Roser, Max, «Fertility Rate», *Our World in Data*, 2017. Véase: <https://ourworldindata.org/fertility-rate>.

Un hallazgo llamativo es que, aunque la natalidad desciende conforme un país se desarrolla en lo económico, para niveles muy elevados de renta esta relación se invierte. Es como si sólo una minoría privilegiada se pudiese permitir tener el número de hijos que quiere. Para el resto, los hijos representan un lujo casi inalcanzable.[46] Mientras la mayor parte de la población ha conquistado ya la libertad de no tener hijos, sin embargo, es la libertad opuesta, la de sí tenerlos, la que parece estar en duda.

En Japón, la caída fue muy rápida durante la década de los cincuenta (la tasa de fertilidad cayó de 3,5 a 2 en apenas diez años); desde entonces ha tenido un comportamiento más suave, aunque con una tendencia a la baja. Un comportamiento parecido se observa en España, aunque con varias décadas de decalaje: la fertilidad cayó rápidamente a partir de 1975. En la actualidad, Japón y España tienen unas de las tasas más bajas del mundo (1,3 y 1,4, respectivamente).

¿Qué tienen en común ambos países? Tanto Japón como España eran sociedades muy tradicionales que experimentaron rápidos cambios sociales (Japón en los cincuenta y España a partir de finales de los sesenta). El papel de la mujer, tradicionalmente restringido al ámbito doméstico, cambió por completo. En ambos casos, la radical transformación del mercado laboral, tras la llegada de las mujeres, no fue acompañada por una similar evolución dentro de los hogares, donde se mantuvieron durante mucho más tiempo los roles tradicionales. Las mujeres asumieron nuevas cargas profesionales sin perder las domésticas, y este cóctel, ante la ausencia de políticas públicas de conciliación, se tradujo en un retraso en la edad del matrimonio y del nacimiento del primer hijo, lo que provocó una caída abrupta de la natalidad. En España, la edad media del primer matrimonio es de 32,4 años, una de las más altas de Europa, mientras que Japón, con

46. Tapia, Isidoro, «El muro de la natalidad: ¿No queremos tener hijos o no podemos permitírnoslo?», *El Confidencial*, 15 de diciembre de 2019. Véase: <https://blogs.elconfidencial.com/espana/desde-fuera/2019-12-15/muro-natalidad-querer-tener-hijos-permitirnoslo_2376984/>.

29,3 años, se encuentra también a la cabeza de Asia.[47] Japón, además, destaca porque la práctica totalidad de los hijos son matrimoniales (apenas un 2 por ciento nacen de madres solteras),[48] por lo que el retraso en los matrimonios disminuye casi de forma automática la fertilidad. En España, este factor desempeñó un papel importante en el pasado, aunque el porcentaje de madres solteras se ha incrementado rápidamente en los últimos años. En nuestro país, además, se suman otros factores, como la precariedad laboral, con un alto porcentaje de empleos temporales, la ausencia de políticas de apoyo a la familia y la existencia de una cultura laboral muy presencialista, donde la maternidad penaliza las carreras profesionales de las mujeres más que en los países de nuestro entorno.[49] Casi la mitad de las mujeres de entre treinta y cinco y treinta y nueve años, por ejemplo, dicen que les gustaría tener más hijos, pero han renunciado a ello debido a su situación económica o laboral.[50]

Los (no) hijos del cambio climático

¿Qué efectos puede tener el cambio climático sobre la tendencia de la natalidad descrita en el apartado anterior? ¿Acelerará su caída o acaso la revertirá? ¿O no tendrá ningún impacto?

En primer lugar, hay que señalar que la caída de la natalidad es una tendencia ya en marcha. El Banco Mundial prevé que la fertilidad a nivel mundial disminuya desde los actuales 2,5 hijos por mujer hasta 1,9 en 2100, situándose por debajo de la tasa de reemplazamiento natural (que se estima en 2,1, por debajo de la cual la población empieza a declinar) hacia 2070. Es decir, a partir de ese momento la población mundial comenzaría a reducir-

47. <https://en.wikipedia.org/wiki/List_of_countries_by_age_at_first_marriage#Europe>.

48. <https://www.oecd.org/els/family/SF_2_4_Share_births_outside_marriage.pdf>.

49. De Quinto, Alicia; Laura Hospido, y Carlos Sanz, *The Child Penalty in Spain*, Banco de España, *Occasional Paper*, n.º 2017.

50. Fuente: INE.

se. En algunas regiones, como Europa, será mucho antes: seguramente la población europea haya alcanzado ya su máximo a lo largo de 2021 (alrededor de 750 millones) y disminuya a partir de ahora, para situarse en 630 millones hacia finales de siglo.

Esta tendencia no es sólo efecto del cambio climático. De hecho, puede discutirse si el calentamiento global está convenientemente tenido en cuenta en las previsiones. Ocurre algo que nos encontraremos más de una vez a lo largo de este libro: el cambio climático actúa como un acelerador del futuro. Muchas de las tendencias que ya existen en nuestras sociedades se agravarán en las próximas décadas como resultado de los esfuerzos por contener el cambio climático o de adaptación a las nuevas condiciones del clima.

La natalidad es una de ellas. ¿Cuáles son las correas de transmisión entre el cambio climático y los nacimientos? A grandes rasgos, hay dos grandes grupos. El primero son los factores socioeconómicos que determinan la decisión de tener hijos. El segundo está relacionado con la naturaleza antropogénica del cambio climático. Pero ambos apuntan en la misma dirección: cuanto mayor sea el calentamiento global del planeta, menor será el número de nacimientos.

La intuición de los factores socioeconómicos es la siguiente: los demógrafos afirman que una de las variables más importantes en la natalidad es que las parejas tengan suficiente seguridad y confianza económica, no sólo para tener hijos, sino también para mantenerlos en el medio y largo plazo.[51] La mayor parte de las causas de la caída de la natalidad en las últimas décadas, como ya hemos indicado, han sido socioeconómicas, como la inestabilidad laboral, las dificultades para la conciliación o sus efectos sobre las carreras profesionales, sobre todo de las mujeres. Lo previsible es que el cambio climático incremente la incertidumbre sobre todos estos factores: el cambio climático cons-

51. Cordellat, Adrián, «¿Puede la preocupación por el cambio climático ahondar en la crisis de natalidad?», *El País*, 27 de diciembre de 2020. Véase: <https://elpais.com/mamas-papas/2020-12-27/puede-la-preocupacion-por-el-cambio-climatico-ahondar-en-la-crisis-de-natalidad.html>.

tituye una preocupación creciente, sobre todo entre los más jóvenes, y en los próximos años se convertirá en un factor de incertidumbre global. Ya se empieza a hablar de «ecoansiedad» para describir el deterioro que produce el cambio climático en nuestro entorno. Más allá del efecto psicológico, el planeta que hemos introducido en el capítulo anterior es un lugar con más riesgos, tanto climáticos como económicos y sociales, lo que dificultará la decisión de tener hijos.

El segundo efecto sobre la natalidad es incluso más estrecho. Al ser el cambio climático un fenómeno antropogénico, es decir, consecuencia de la actividad humana, su mecanismo de corrección más inmediato es la reducción de la población en el planeta, a través de su válvula de control: la natalidad. Como ha señalado Manuel Arias Maldonado en *Antropoceno*,[52] la idea de que podemos restaurar ecológicamente el planeta, devolviendo el ecosistema a la forma que tenía antes de que la acción humana lo transformase, es inviable. Como mucho, podemos aliviarlo reduciendo la presión humana.

Veamos un ejemplo numérico. En 2017, causó mucho revuelo un estudio que analizaba diferentes vías para que un hogar redujese sus emisiones de CO_2:[53] se calculaba que reciclar concienzudamente (tanto como permiten las técnicas de reciclaje existentes) generaba un ahorro de unos 200 kilos de CO_2 al año. Eliminar la carne de nuestra dieta, se estimaba, ahorra hasta 800 kilos de CO_2 al año. Evitar un vuelo transatlántico, 1,6 toneladas de CO_2, y dejar de utilizar por completo nuestro vehículo privado, 2,4 toneladas (sí, con apenas dos viajes en avión emitimos más CO_2 a la atmósfera que utilizando nuestro vehículo durante todo el año).

Pero de todos estos posibles cambios de conducta, uno destacaba por encima de los demás: tener un hijo menos genera un

52. Arias Maldonado, Manuel, *Antropoceno: La política en la era humana*, Taurus / Penguin Random House, Barcelona, 2018.

53. Perkins, Sid, «The Best Way to Reduce Your Carbon Footprint is One the Government Isn't Telling You About», *AAAS*, 2017. Véase: <https://www.sciencemag.org/news/2017/07/best-way-reduce-your-carbon-footprint-one-government-isn-t-telling-you-about>.

ahorro de 60 toneladas de CO_2 al año (suponiendo en todos los casos que vivimos en un país desarrollado). ¡Tanto como convencer a trescientos vecinos para que reciclen o a veinticinco para que dejen de utilizar por completo sus coches![54]

Más allá de los valores concretos, cuya metodología es discutible, la conclusión del estudio es difícilmente rebatible: al ser el cambio climático un fenómeno antropogénico, consecuencia de la actividad humana en el planeta, reducir la población mundial automáticamente conduce a menores emisiones de CO_2. Para evitar confusiones: no creo que *debamos* tener menos hijos. Más bien al contrario: el declive demográfico (fruto, entro otros factores, del cambio climático) es uno de los retos más formidables que enfrentará la humanidad en este siglo. La presión sobre las pensiones, la atención sanitaria o los sistemas fiscales tensionará las costuras de nuestros tejidos sociales, mucho más delicados de lo que comúnmente se cree. No estoy haciendo un juicio normativo, sino descriptivo: la caída de la natalidad será una consecuencia inevitable del cambio climático, una respuesta correctora natural. Tendremos menos hijos por la misma razón que la población mundial se disparó a partir de la Revolución Industrial (mejor dicho, por la razón opuesta): porque sufriremos la escasez de algunos elementos básicos, como el agua, la energía o las zonas habitables en el planeta.

¿Significa esto que seremos más pobres? No necesariamente. Una de las grandes polémicas intelectuales de los últimos tiempos enfrenta a dos grandes escuelas de pensamiento: de forma muy resumida, el optimismo de Steven Pinker, que defiende que el progreso científico, económico y tecnológico está lejos de agotarse, y que las sociedades alcanzarán cotas de bienestar cada vez más altas, con la visión opuesta, que representan pensadores como John Gray o Nassim Taleb, para quienes durante las próximas décadas tendrá lugar una competencia cada vez más agresiva por unos recursos crecientemente escasos.

En cierto modo, las políticas climáticas se han movido en los últimos años desde Gray a Pinker. El medioambientalismo del

54. Ibídem.

siglo XX, como veremos con más detalle en el último capítulo, era «conservacionista», ponía el acento sobre la escasez de recursos y el control de la población. En cambio, en los últimos años las políticas climáticas se están volviendo «pinkerianas»: se confía, con creciente optimismo tecnológico, en que seremos capaces de encontrar una solución al cambio climático compatible con una mejora continuada de nuestros niveles de bienestar.

Lejos de pretender mediar en esta disputa, cuyas dimensiones exceden con mucho el perímetro de este libro, sí creo conveniente dibujar un escenario intermedio, aunque sólo sea para visualizar la relación entre cambio climático y natalidad. En el futuro tendremos un nivel de bienestar nunca conocido en la historia: las comunicaciones, el acceso y procesamiento de cantidades casi inagotables de información o las aplicaciones de la inteligencia artificial abrirán un catálogo de oportunidades desconocido en campos como la asistencia médica, la investigación, el ocio o las relaciones interpersonales, por poner sólo unos ejemplos. Pero, al mismo tiempo, en otros ámbitos no seremos capaces de preservar nuestros estándares de vida actuales, incluso aunque medie una verdadera revolución tecnológica. El transporte es un ejemplo. Casi con toda seguridad, viajaremos mucho menos que ahora (tanto por trabajo como por turismo) porque difícilmente existirá un sistema tan rápido y barato como el actual que sea al mismo tiempo sostenible medioambientalmente.

Por expresarlo de forma concisa, seremos al mismo tiempo más ricos, pero también más pobres. El futuro nos abrirá oportunidades inmensas, pero también nos privará de otras que hoy son cotidianas. La natalidad será una de esas barreras infranqueables. Porque la naturaleza antropogénica del cambio climático convierte la relación entre la natalidad y el proceso de calentamiento global del planeta en una contradicción casi irresoluble.

De hecho, podemos ir más allá del ejercicio teórico para analizar la relación entre cambio climático y natalidad. No debemos olvidar que el calentamiento del planeta no es una simple hipótesis, sino un fenómeno ya en marcha. La temperatura se ha incrementado de manera constante a lo largo del último siglo, situándose, de media, más de 1 °C por encima de los niveles preindustriales. ¿Podría tener alguna relación con la caída de la natalidad registrada en las últimas décadas?

La relación entre la capacidad reproductiva y las temperaturas está probada en la literatura científica. Las relaciones sexuales, como cualquier otra actividad con una elevada exigencia física, se resienten a temperaturas muy altas. La temperatura afecta también a otros factores reproductivos, como la producción de espermatozoides en los hombres o los ciclos menstruales en las mujeres.[55]

¿Cómo medir estos efectos? Una manera es analizar qué ocurre en los días especialmente calurosos. Un estudio[56] analizó los días con una temperatura media superior a 80 °F (alrededor de 26,6 °C) entre 1931 y 2010. Aproximadamente hay unos treinta días calurosos así definidos al año en Estados Unidos (casi el doble de los que había a principios de siglo) y se espera que se incrementen hasta noventa días al año en 2100.

El estudio encontró una relación estadística significativa: los días calurosos reducían la natalidad entre ocho y diez meses después, alcanzando su máximo precisamente a los nueve meses. Cada día caluroso adicional provocaba una caída en la natalidad de aproximadamente un 0,4 por ciento, alrededor de 1.100 nacimientos menos. El efecto era menor en aquellas ciudades con mayor número de aparatos de aire acondicionado.

Una reducción del 0,4 por ciento puede parecer insignificante: ¿pero qué ocurre si los días «calurosos» se triplican, como se prevé que ocurra en las próximas décadas? ¿O si empiezan a ser habituales los días de calor «extremo»? Es difícil estimar el impacto exacto, pero existen pocas dudas sobre la dirección: a mayor temperatura, menor será el número de hijos.

Y éste, hay que insistir, es sólo uno de los muchos mecanismos de transmisión entre el calentamiento global y la natalidad:

55. Barreca, Alan; Olivier Deschenes, y Melanie Guldi, *How does climate change affect fertility?*, World Economic Forum, <https://www.weforum.org/agenda/2015/11/how-does-climate-change-affect-fertility/>.

56. Barreca, Alan; Olivier Deschenes, y Melanie Guldi, «Maybe Next Month? Temperature Shocks, Climate Change, and Dynamic Adjustments in Birth Rates», *NBER Working Paper*, n.º 21681, 2015.

el calentamiento global también tendrá consecuencias como reducir la producción agrícola (manteniendo el resto de los factores constantes), lo que tensionará la cantidad disponible de alimentos; el incremento del nivel del mar puede convertir en inhabitables muchas zonas del planeta, y reducir así la superficie habitable, y finalmente el agua potable puede convertirse en uno de los recursos más escasos y disputados en las próximas décadas.

Una de estas manifestaciones es que cada vez son más habituales las familias con un solo hijo. En Estados Unidos, por ejemplo, el porcentaje de mujeres que tienen un solo hijo al final de su vida fértil ha pasado del 11 por ciento en 1976 al 22 por ciento en 2015.[57] Hay un acalorado debate académico sobre las consecuencias en el desarrollo emocional de los «hijos únicos» frente a las familias numerosas, aunque en este aspecto no puedo declararme neutral: una de las mejores cosas que me ha pasado ha sido tener una hermana.

¿Sucederá lo mismo en todas partes? El efecto podría ser distinto entre países ricos y en desarrollo. Según la famosa teoría de Caldwell, en los países en desarrollo los niños producen más de lo que consumen y, por tanto, suponen una ganancia de riqueza neta para sus familias. En los países desarrollados ocurre al revés, lo que explica el distinto comportamiento de la natalidad en unos y otros. La caída de la natalidad durante la segunda mitad del siglo XX vendría explicada por el crecimiento económico y el mayor acceso a la educación de amplias capas de la población, especialmente en los países emergentes.

El cambio climático podría revertir este proceso, sobre todo en los países climáticamente más vulnerables, aquellos situados cerca del ecuador. En éstos, el impacto económico puede ser devastador; la escasez de bienes agrícolas incrementará los precios y salarios en este sector, lo que hará relativamente menos atrac-

57. Gibson, Caitlin, «The Rise of the Only Child: How America is Coming Around to the Idea of "Just One"», *The Washington Post*, 19 de junio de 2019. Véase: <https://www.washingtonpost.com/lifestyle/on-parenting/the-rise-of-the-only-child-how-america-is-coming-around-to-the-idea-of-just-one/2019/06/19/b4f75480-8eb9-11e9-8f69-a2795fca3343_story.html>.

tivo dedicar tiempo y recursos a la educación. Para entendernos, es como si los países en desarrollo retrocediesen varias décadas.[58] Tal vez la natalidad repunte en algunos países. Pero habrá pocos motivos para celebrarlo.

En definitiva, el cambio climático podría acentuar las desigualdades, otra de las conclusiones que nos encontraremos varias veces a lo largo de este libro. En el caso de la natalidad, deprimiéndola en los países desarrollados e incrementándola en los situados en las zonas más cálidas del planeta.

Las migraciones climáticas

Una de las constantes de este libro es evitar lo que Mafalda llamaba el «lenguaje histérico». Abusar del apocalipsis climático como campana ruidosa para despertar las conciencias. Imágenes desoladoras de grandes inundaciones, huracanes o ciudades abandonadas por el aumento de las temperaturas. No porque sean escenas imposibles, al contrario: necesitaremos un esfuerzo muy grande para evitar que se conviertan en realidad. Pero este libro está escrito en una nota distinta, a medio camino entre el realismo y el optimismo: parte de la premisa de que evitaremos los peores escenarios del cambio climático. Pese a ello, o mejor dicho, precisamente por ello, muchas cosas cambiarán. Familias, ciudades, empresas o países se parecerán muy poco a los que conocemos hoy.

En algunos casos, sin embargo, es casi imposible no dibujar algunas escenas alarmantes. La que ahora nos ocupa es una de ellas. Porque uno de los efectos del cambio climático (incluso en los escenarios más suaves) será el desplazamiento de grandes masas de población, obligadas a abandonar sus actuales emplazamientos. En la mayoría de los casos, será una emigración len-

58. Casey, Gregory; Soheil Shayegh; Juan Moreno-Cruz; Martin Bunzl; Oded Galor, y Ken Caldeira. «The Impact of Climate Change on Fertility». *Environmental Research Letters*, 14, 5 (2019), 054007, DOI: 10.1088/1748-9326/ab0843.

ta: algunos lugares perderán poco a poco su atractivo en favor de otros. La población se desplazará desde las zonas cercanas al ecuador a latitudes más alejadas. También, sin embargo, puede haber episodios traumáticos: zonas que queden anegadas, primero una vez, luego varias veces en un mismo año y finalmente de manera permanente.

Empezaremos explicando por qué va a suceder así, describiremos después su impacto a través de un ejemplo concreto, para terminar con una apostilla animosa: pese a los muchos estragos, la humanidad ha demostrado en el pasado que es capaz de adaptarse a situaciones tal vez no idénticas, pero sí similares.

Empecemos por una estampa costumbrista: nos gusta vivir cerca de la costa. Lo dice alguien que nació en Cádiz y que cada verano pasa sus vacaciones a pocos metros de una playa. No soy el único. Alrededor de seiscientos millones de personas (el 10 por ciento de la población mundial) vive en zonas costeras, a menos de diez metros de altura sobre el nivel del mar. Y cerca de 2.400 millones de personas (el 40 por ciento de la población mundial) vive a menos de cien kilómetros de la costa.

Es mucho más que una simple cuestión de gustos. El acceso al mar ha sido históricamente una fuente de riqueza y bienestar. De hecho, los países con acceso al mar son, de media, más ricos que los que están rodeados de otros vecinos,[59] y la historia demuestra que tienen menos probabilidades de entrar en un conflicto armado. Nuestros antepasados elegían emplazamientos costeros por la suavidad del clima, pero también por las oportunidades para el comercio y la navegación. Aproximadamente la mitad de las capitales mundiales son ciudades costeras e incluso aquellos países con capitales interiores cuentan con vibrantes ciudades en la costa, como Estados Unidos (Nueva York), China (Shanghái), Rusia (San Petersburgo), Brasil (Río de Janeiro) o la propia España (Barcelona).

Durante mucho tiempo, vivir cerca de la costa fue también

59. Giddens, Anthony, *The Politics of Climate Change*, Polity Press, Cambridge, UK, 2009, p. 214. Versión castellana de Francisco Muñoz de Bustillo, *La política del cambio climático*, Alianza Editorial, Madrid, 2010.

una garantía de tranquilidad. En los dos mil años anteriores a la industrialización del siglo XIX, el nivel del mar apenas varió. Desde entonces, sin embargo, el nivel está elevándose poco a poco: lo hizo 1,7 milímetros de media al año[60] a lo largo del siglo XX. La evidencia indica que este crecimiento se está acelerando: desde 1990, el crecimiento se sitúa en torno a los 3,3 milímetros al año[61] (además, ahora las mediciones son mucho más precisas).

¿Por qué se eleva el nivel del mar? En primer lugar, como cualquier cuerpo, el agua se expande —se dilata— al aumentar su temperatura. Al subir la temperatura del planeta, también lo hace la de las aguas. Además, grandes bloques de hielo en las zonas polares se están derritiendo, lo que incrementa el volumen de los océanos. No son los únicos factores. La concentración de población en las zonas costeras acelera este proceso, al erosionar las costas y el delta de los ríos. Se estima que el nivel del mar podría incrementarse entre uno y tres metros por cada grado centígrado que aumente la temperatura[62] (aunque el impacto no es lineal, y podría ser mucho mayor, por ejemplo, de hasta siete metros, si la placa de hielo de Groenlandia se derrite por completo). De nuevo, no es un proceso que podamos detener de la noche a la mañana. Incluso si dejásemos de emitir súbitamente CO_2 a la atmósfera, el nivel del mar seguiría elevándose durante decenas, tal vez centenares de años, debido al calor acumulado en los océanos.

¿Qué implicaciones tiene un nivel del mar más alto? Jeff Goodell[63] ha recopilado algunos de los lugares más emblemáticos

60. IPCC, 2007 <https://archive.ipcc.ch/publications_and_data/ar4/wg1/en/faq-5-1.html#:~:text=Global%20sea%20level%20is%20projected,about%204%20mm%20yr%E2%80%931>.

61. Oppenheimer, M., *et al.*, «Sea Level Rise and Implications for Low-Lying Islands, Coasts and Communities», en H. O. Pörtner, *et al.* (eds.), *IPCC Special Report on the Ocean and Cryosphere in a Changing Climate*, 2019, en prensa. Véase: <https://www.ipcc.ch/srocc/chapter/chapter-4-sea-level-rise-and-implications-for-low-lying-islands-coasts-and-communities/>.

62. Pickeringa, M. D.; K. J. Horsburghb; J. R. Blundella, *et al.*, «The Impact of Future Sea-Level Rise on the Global Tides», *Continental Shelf Research*, 142, 15 (2017), pp. 50-68 Véase: <https://www.sciencedirect.com/science/article/pii/S0278434316304824>.

63. Goodell, Jeff, *The Water Will Come: Rising Seas, Sinking Cities, and*

que quedarían bajo el agua en los peores escenarios climáticos: la mayor parte de Bangladés, las islas Maldivas y Marshall, Miami Beach y el sur de Florida, la basílica de San Marcos en Venecia, Central Park en Nueva York y hasta la Casa Blanca en Washington, D. C. Suficientes para llenar varios sótanos con recuerdos como la taza veneciana de Irina. Yakarta, con una población de diez millones de personas, podría quedar por debajo del agua en 2050, y hasta el 5 por ciento de la población mundial podría sufrir inundaciones frecuentes en el año 2100.[64]

Las inundaciones no se limitarán a las zonas costeras. En un planeta con varios grados centígrados más, la evaporación del agua es mayor, y por ello las precipitaciones serán más frecuentes y torrenciales. Entonces, ¿habrá al menos más agua dulce disponible? Seguramente sea al contrario. Los efectos «negativos del cambio climático sobre la disponibilidad» de agua dulce pesarán mucho más que los «positivos»: la sucesión de lluvias torrenciales y sequías deteriorarán la calidad del agua, agudizando su polución, y el aumento del nivel del mar salinizará las reservas de agua subterráneas y los estuarios.[65] En conjunto, el agua dulce disponible disminuirá. Las zonas del planeta sometidas a «estrés hídrico» (restricciones de agua) prácticamente duplicarán a las que vivirán sin dificultades.

¿En qué se traducirán las restricciones de agua? Una de las imágenes de mi infancia, en los años ochenta, son las sequías que provocaron restricciones de agua en varios puntos de la geografía

---

the Remaking of the Civilized World, Little, Brown and Company, Boston, MA, 2017. Versión castellana de Jordi Balcells Antón, *El agua vendrá: La elevación de los mares, el hundimiento de las ciudades y la transformación del mundo civilizado*, Gaia Ediciones, Madrid, 2019.

64. Wallace-Wells, David, *The Uninhabitable Earth: A Story of the Future*, Crown Publishing Group, Nueva York, 2019. Versión castellana, *El planeta inhóspito: La vida después del calentamiento*, Debate, Barcelona, 2020.

65. Bates, B. C.; Z. W. Kundzewicz; S. Wu, y J. P. Palutikof (eds.), *El cambio climático y el agua*, documento técnico del Grupo Intergubernamental de Expertos sobre el Cambio Climático, Secretaría del IPCC, Ginebra, 2008. Véase: <https://www.ipcc.ch/site/assets/uploads/2018/03/climate-change-water-sp.pdf>.

española. Pero el impacto irá mucho más lejos de los hogares: apenas un 10 por ciento del agua se utiliza para el consumo doméstico; la industria utiliza entre un 10 y un 20 por ciento, mientras la mayor parte, entre el 70 y el 80 por ciento del agua dulce, se usa para la producción de alimentos y la agricultura. La falta de agua afectará a la producción industrial y, sobre todo, a la agrícola, un factor que devendrá decisivo en las próximas décadas.

El control del agua se convertirá en una de las batallas geopolíticas más formidables, tanto como lo fue el control de los combustibles fósiles a lo largo del siglo XX. Algunos análisis han apuntado a la dura sequía que asoló Siria entre 2006 y 2010 (que provocó el desplazamiento de 1,5 millones de personas desde las zonas agrícolas a las ciudades)[66] como uno de los factores que desencadenaron el posterior conflicto armado en ese país, a partir de 2011. La de Siria habría sido la primera «guerra climática», una lucha por el control del agua. No es aventurado prever conflictos parecidos en las próximas décadas, por ejemplo, entre India y Pakistán, Etiopía y Egipto o, incluso, Canadá y Estados Unidos.[67] Encontrarse aguas arriba o aguas abajo del curso de un río, un detalle casi menor en la actualidad, podría adquirir una importancia estratégica vital en el futuro.

Crecimiento del nivel del mar, inundaciones, sequías, falta de agua. No es necesario dibujar un panorama dantesco (tampoco cabe excluirlo, pero recordemos, nos situamos en el mejor de los escenarios) para concluir que durante las próximas décadas grandes masas de población tendrán que abandonar sus emplazamientos actuales. Como indicaba, será un proceso gradual, lento al principio pero que poco a poco se acelerará.

Veamos cómo podría ser este proceso a través de un ejemplo ficticio, pero concreto. Tomemos, por ejemplo, una urbanización

66. Gates, Bill, *How to Avoid a Climate Disaster: The Solutions We Have and the Breakthroughs We Need*, Knopf, Nueva York, 2021, p. 33. Versión castellana de Carlos Abreu Fetter, *Cómo evitar un desastre climático: Las soluciones que ya tenemos y los avances que aún necesitamos*, Plaza & Janés, Barcelona, 2021.

67. Powell, James Lawrence, *The 2084 Report: A History of Global Warming from the Future*, Atria Books, Nueva York, 2017.

a pie de playa, situada en una localidad costera del sur de España. Un lugar idílico para pasar las vacaciones de verano, que se llena todos los años de familias procedentes de otras partes de la geografía española. La urbanización se construyó a finales de los años setenta, y muchas familias repiten todos los veranos desde entonces. Muchas viviendas han pasado de padres a hijos; es ahora la segunda generación o incluso la tercera la que disfruta del descanso cada verano.

En los últimos años (situémonos en torno al año 2020), los más veteranos del lugar han comenzado a advertir algunos ligeros cambios: la playa parece más pequeña cada año, y la fuerza de las mareas, más intensa. Cada verano, el mar se queda más cerca de la primera línea de playa: los primeros en sentirlo han sido los chiringuitos de la playa, que han tenido que reforzar sus estructuras.

Para contrarrestar la continua erosión y pérdida de arena, el ayuntamiento de la localidad desplegó hace años una importante obra de ingeniería: con un sistema de grandes tubos, extrajo arena del fondo de una bahía cercana y la volcó en la playa de nuestra urbanización. La operación se hizo por primera vez en los noventa y se repitió diez años después. La siguiente vez apenas transcurrieron cinco años. Hacia 2020, la operación se tiene que repetir casi todos los años para preservar la playa. Debido a las protestas de algunos grupos ecologistas y para reducir el coste de la operación, la arena se dejó de extraer de la bahía cercana y ahora procede de la propia playa de nuestra urbanización, unas decenas de metros hacia el interior del agua. Como es lógico, la técnica apenas aumenta la extensión de la playa durante unas semanas en julio y agosto. Al poco tiempo, las mareas deshacen rápidamente la labor y devuelven la arena al interior del mar.

Las obras se hacen cada año más costosas (hay que extraer más arena y hacerlo desde una ubicación más alejada de la costa). Ante las protestas de los vecinos de la localidad, contrarios a costear el mantenimiento de una playa de la que disfrutan sobre todo los propietarios de segundas residencias, el ayuntamiento incrementa el IBI a las viviendas de nuestra urbanización. Primero de forma moderada. Pero pocos años después, hacia 2030, las subidas se aceleran. Un propietario de una vivienda unifamiliar pasa a pagar por IBI unos 5.000 euros al año, cinco veces más de lo que pagaba al principio de la década.

No es el único inconveniente para los vecinos de nuestra urbanización. Los veranos se vuelven especialmente calurosos. Al estar situada tan cerca del mar, en la urbanización solía refrescar siempre por las tardes, incluso en los días más calurosos del año. Sin embargo, hacia 2030 se multiplican las olas de calor y algunos veranos el bochorno es difícilmente soportable.

Ante este cúmulo de inconvenientes, algunos propietarios «de toda la vida» dejan de ir a la urbanización. Prefieren pasar sus veranos en las zonas más frescas del norte de España. Los más decididos, venden sus casas de nuestra urbanización para comprarse otra en el norte.

En el año 2035 llega la primera inundación. A finales de julio, coincidiendo con las mareas más fuertes del año, varias casas situadas en la primera línea de playa quedan anegadas. Hasta entonces, eran las casas más envidiadas de la urbanización (también las más caras). Pero, cuando un par de años después las inundaciones vuelven a repetirse, las preferencias cambian de forma abrupta. Casas que fácilmente se vendían por encima del millón de euros no encuentran compradores por la mitad de precio. Hacia 2040, la fiebre «vendedora» se ha extendido al resto de la urbanización. El calor, las inundaciones, la pérdida de arena de la playa, los altos impuestos, todos estos factores empujan en la misma dirección.

En 2050, el paisaje en nuestra urbanización ha cambiado por completo. Casi todas las propiedades se encuentran a la venta y durante el verano muchas permanecen vacías. La playa prácticamente no existe; desde hace años, el ayuntamiento ya no restituye la arena debido a su elevado coste. Además, la caída en el precio de las viviendas ha hundido la recaudación tributaria, lo que ha tensionado las arcas municipales. En apenas un par de décadas, nuestro paradisíaco emplazamiento se ha convertido en un lugar semiabandonado. Para muchos veraneantes, la inversión en su segunda residencia ha sido una ruina. Pero el grupo peor parado es la población local, los comerciantes, camareros, jardineros, trabajadores de la construcción. Para todos ellos, que vivían del flujo de visitantes durante los meses de verano, ahora la única alternativa es buscar otro lugar donde vivir.

¿Ficción? Los cambios, incluso los más profundos, ocurren lentamente, de manera casi imperceptible, hasta que de forma súbita se aceleran. En 2005, el huracán Katrina convirtió, en cuestión de días, a más de un millón de personas en inmigrantes. Una cuarta parte se desplazó a Houston; de ellos, un año después de la tormenta, todavía permanecían allí más de 150.000 personas.[68]

En el ejemplo de nuestra urbanización ni siquiera hay un desplazamiento de la población (al menos en el momento en que hemos interrumpido el relato): simplemente, algunos veraneantes deciden cambiar su lugar de descanso. Incluso en este ejemplo, de contornos suaves y ritmos lentos, el impacto puede ser gigantesco. La mayor parte de la riqueza mundial se concentra en activos inmobiliarios. A nivel global, el valor de las viviendas se estima en alrededor de 170 billones de dólares, más que la combinación de deuda, activos, tierras y todo el oro en circulación.[69] En España, más del 80 por ciento de los activos de los hogares son propiedades inmobiliarias.[70] Y conocemos demasiado bien las consecuencias de una caída abrupta en el mercado inmobiliario.

Estamos hablando, insisto, del mejor de los escenarios. Un incremento moderado de las temperaturas que apenas se traduce en que unos lugares de veraneo pierden atractivo en favor de otros. El cuadro se puede pintar en tonos mucho más oscuros: desplazamientos de la población dentro de un mismo país, con regiones enteras abandonadas. O también movimientos migratorios entre países: el IPCC predice que hacia finales de siglo

68. Hill, Alice, y Leonardo Martínez-Díaz, «Adapt or Perish. Preparing for the Inescapable Effects of Climate Change», *Foreign Affairs*, 2020.

69. *The Economist*, «How Housing Became the World's Biggest Asset Class», *The Economist*, 16 de enero de 2020. Véase: <https://www.economist.com/special-report/2020/01/16/how-housing-became-the-worlds-biggest-asset-class>.

70. Banco de Espana, *Boletín Económico*, 4, 2019.

«centenares de millones» de personas se podrían convertir en emigrantes climáticos.[71]

¿Cómo responderán los países receptores? Previsiblemente, haciendo menos porosas sus fronteras. Así ocurrió tras la guerra de Siria: la llegada de millones de refugiados al territorio de la UE provocó una aguda batalla política en el seno de la UE, que abrió diferencias irreconciliables entre el llamado grupo de Visegrado (Eslovaquia, Hungría, Polonia y la República Checa) y el resto de los socios, y provocó terremotos políticos en países como Italia, Reino Unido o Alemania, donde la canciller Angela Merkel tuvo que dar marcha atrás en su política migratoria ante la crisis desatada dentro de su propia formación política.

En un entorno de mayor incertidumbre (y el futuro tendrá varios factores de mayor riesgo, entre ellos el clima, uno de los principales), es una reacción muy humana encerrarse en uno mismo. Por ello, lo previsible es que, ante el aumento de la presión migratoria, la mayoría de los países desarrollados endurezca su política de inmigración. Como veremos en el capítulo 5, la inmigración se convertirá en uno de los principales ejes de la discusión política, algo que ya sucede en los Países Bajos, Suecia o Finlandia, entre otros países.

Hay un espejo en el que podemos mirarnos para saber cómo será nuestra imagen en este mundo nuevo, en este planeta diferente: otra vez es la sociedad nipona. Japón tiene uno de los sistemas de inmigración y naturalización más restrictivos del mundo, que lo convierte en el país menos diverso, medido por el lugar de nacimiento de sus habitantes, entre los países desarrollados.[72] Japón pertenece a un grupo de países en los que la nacionalidad se adquiere por razones de consanguineidad (*ius sanguinis*), como también ocurre en Alemania, Austria, Suiza o Corea del Sur. En cambio, en países como Estados Unidos, Australia o Ca-

71. Adger, W. Neil; Juan M. Pulhin; J. Barnett, *et al.*, «Human Security», en *Climate Change 2014: Impacts, Adaptation, and Vulnerability. Part A: Global and Sectoral Aspects*, Cambridge University Press, Cambridge, UK, pp. 755-791. Véase: <https://www.ipcc.ch/site/assets/uploads/2018/02/WGIIAR5-Chap12_FINAL.pdf>.

72. Fukuyama, *Identity*, *op. cit.*

nadá, la nacionalidad se adquiere por el lugar de nacimiento (*ius soli*). Tradicionalmente, el sistema de *ius sanguinis* ha sido más restrictivo, aunque en la práctica ambos han convergido, hasta el punto de que hay países de *ius soli* más inflexibles. De hecho, no cabría descartar que en el futuro los requisitos sean acumulativos: es decir, que para adquirir la nacionalidad se exija tanto el vínculo sanguíneo como el lugar de nacimiento.

Terminemos con una nota positiva. El porcentaje de migrantes en la actualidad se estima en el 3,5 por ciento de la población mundial, es decir, que el 96,5 por ciento de la población reside en su país de nacimiento.[73] Este porcentaje ha aumentado en alrededor de un punto en los últimos años, pero aun así sigue siendo muy bajo si lo comparamos con otras grandes migraciones en la historia. La llamada diáspora italiana, por ejemplo, se tradujo en la salida de cerca de cuatro millones de italianos entre 1880 y 1920, la mayoría con destino a Estados Unidos, más de un 10 por ciento de la población italiana de aquella época. Ha habido muchos otros casos de migraciones masivas en la historia, ya sea motivadas por conflictos armados, como la partición poscolonial entre la India y Pakistán, o la que siguió a la segunda guerra mundial tras la reconfiguración de las fronteras en Europa del Este; ha habido también migraciones causadas por motivos religiosos, como la emigración a América a partir de 1600 de ingleses, neerlandeses y otras minorías religiosas, o de manera más reciente, la llegada de inmigrantes judíos al Estado de Israel durante el siglo XX, y, finalmente, ha habido también grandes migraciones económicas, como el desplazamiento desde la China rural a las grandes urbes costeras del este del país. Los humanos nos hemos desplazado de unos lugares a otros desde el pasado más remoto. El cambio climático representa tan sólo un episodio más, aunque tal vez nunca hasta ahora la presión migratoria haya sido tan simultánea, coincidiendo en tantos países a la vez. Quizá no sea tanto la intensidad de los cambios, sino precisa-

73. McAuliffe, Marie, y Binod Khadria (eds.), *World Migration Report 2020*, IOM, Ginebra, 2020. Véase: <https://www.un.org/sites/un2.un.org/files/wmr_2020.pdf>.

mente su sincronía global (pensemos, por ejemplo, en los grandes debates políticos, a los que volveremos en el capítulo 5), uno de los rasgos más característicos del presente.

La corresidencia de abuelos y nietos bajo el mismo techo

La corresidencia de tres generaciones de una misma familia (abuelos, padres y nietos viviendo juntos) es todavía minoritaria en la mayoría de los países europeos, así como en Estados Unidos. Sin embargo, esta tendencia puede cambiar rápidamente en los próximos años, al hilo del envejecimiento de la población, como consecuencia de la jubilación de las generaciones del *baby boom*, las dificultades para sostener los sistemas públicos de pensiones, la prolongación de la esperanza de vida y un último factor que debería resultarnos ya familiar. Sí, otra vez el cambio climático.

En Estados Unidos apenas un 15 por ciento de los mayores de setenta y cinco años viven con sus hijos (el porcentaje es mucho mayor entre las mujeres, alrededor de un 22 por ciento, frente al 9 por ciento de los hombres).[74] La corresidencia en el país norteamericano se produce de forma excepcional, como una solución transitoria en situaciones como una separación, una enfermedad grave o degenerativa, o la pérdida del empleo. En España, el porcentaje es algo mayor: en 2018, un 25 por ciento de los adultos declaraba estar conviviendo con familiares mayores de sesenta y cinco años.[75] De hecho, en España este porcentaje camufla una relación familiar mucho más cercana, ya que alrededor de un 75 por ciento de los encuestados vive a «menos de una hora» de sus progenitores mayores de sesenta y cinco años.

74. Yashiro, Naohiro, «The Economic Position of the Elderly in Japan», *National Bureau of Economic Research*, 1996. Véase: <https://www.nber.org/chapters/c8462>.

75. <http://www.cis.es/cis/export/sites/default/-Archivos/Marginales/3200_3219/3207/es3207mar.pdf>.

En otros países, en cambio, la corresidencia es la norma más que la excepción. Volvamos de nuevo a los países de tradición confucionista. En Japón y Corea, la cohabitación intergeneracional es casi una expectativa normativa: muchos adultos esperan recibir cuidados de sus hijos cuando alcanzan la tercera edad. Confluyen también, además de las normas sociales, factores culturales y económicos: el confucionismo valora el mantenimiento de fuertes vínculos entre las generaciones. El sistema tradicional familiar, denominado *ie* en Japón y *jib* en Corea, se ha definido como «patrilineal, patrilocal y patriarcal»:[76] la familia incluye verticalmente a los padres, sus hijos y sus respectivas familias. La norma es que los hijos, al emanciparse, vivan cerca de la residencia de sus padres, precisamente para poder atenderlos en caso necesario.

En Estados Unidos y Europa, por el contrario, cada generación aspira a formar un hogar autónomo e independiente. Mientras en estos países la cohabitación es una solución de paso para afrontar situaciones de crisis, en los países confucionistas es la manifestación de un núcleo familiar más amplio.

También hay explicaciones económicas (en el fondo, los factores sociales, culturales y económicos suelen beber de un poso común): en las sociedades agrícolas, los abuelos suelen mantenerse como propietarios de las tierras hasta su muerte, mientras que en las industriales ceden el testigo mucho antes. Esto otorga a los abuelos un papel preponderante en las sociedades agrícolas, lo que estrecha los lazos familiares. Las características de las familias en los países confucionistas no serían sólo una norma cultural, sino el reflejo de sus economías. La misma razón que hace que las familias en Andalucía, con mayor peso agrícola, tengan núcleos más grandes que en el País Vasco, donde predomina el sector industrial.

Y, finalmente, existe también una razón demográfica para la corresidencia: en Japón, cerca de un 30 por ciento de la población tiene más de sesenta y cinco años, uno de los porcentajes

76. Tsuya, Noriko O., y Larry L. Bumpass, *Marriage, Work, and Family Life in Comparative Perspective: Japan, South Korea, and the United States*, University of Hawaii Press, Honolulu, 2003.

más altos del mundo. La cohabitación es una solución pragmática a la secular escasez de espacio que caracteriza al país nipón y también, al reducir la renta necesaria para los jubilados, constituye un alivio para el sistema de pensiones, facilitando una tercera edad con mayores desahogos económicos.

¿Cómo puede afectar el cambio climático a estas tendencias? De nuevo, no se trata de que el futuro nos reserve un brusco volantazo, sino más bien de que el cambio climático acelerará un proceso ya en marcha. El envejecimiento de la población es una tendencia común en casi todos los países desarrollados, especialmente en Europa. Como hemos visto, el incremento global de las temperaturas agravará la caída de la natalidad, haciendo más frecuentes los hogares con un único hijo. También convertirá en inhóspitos algunos emplazamientos actuales, lo que obligará a parte de la población a desplazarse. Mientras tanto, la esperanza de vida seguirá incrementándose en las próximas décadas (otro ejemplo más de que el futuro nos reserva una combinación de buenas y malas noticias), gracias a los avances en la investigación médica y los tratamientos sanitarios. Y los sistemas públicos de pensiones se verán tensionados por el aumento de gastos y la caída de ingresos.

El resultado de todos estos factores será la reagrupación dentro de un mismo hogar de varias generaciones. Los abuelos disfrutarán de varias décadas de vida después de jubilarse. Como es natural, no se resignarán a tener una vida pasiva, sino que aspirarán a un nivel de ocio y bienestar cada vez más difícil de sostener con unas pensiones tensionadas, como ha señalado Mauro Guillén.[77] A su vez, los hijos sufrirán un entorno laboral más agresivo o al menos con más interrogantes. Las dificultades de conciliación serán generalizadas. Y en muchos casos, los nietos serán hijos únicos, lo que aumentará el espacio disponible dentro de las viviendas. La cohabitación será una solución conveniente y satisfactoria para las tres generaciones.

77. Guillén, Mauro, *2030: How Today's Biggest Trends Will Collide and Reshape the Future of Everything*, St. Martin's Press, Nueva York, 2020. Versión castellana de Alexandre Casanovas López, *2030: Viajando hacia el fin del mundo tal y como lo conocemos*, Deusto, Barcelona, 2020.

En el futuro, tendremos que acostumbrarnos a convivir con nuestros abuelos. Esta tendencia, además, será mucho más rápida en países como España, donde los vínculos familiares son más fuertes (de hecho, la familia española tiene muchas semejanzas con la confucionista, y de forma habitual tiene un tamaño mayor que las anglosajonas o centroeuropeas). Además, debido a la baja movilidad geográfica, es habitual que los abuelos vivan en un entorno cercano al de sus hijos, haciendo más fácil la mudanza a una misma residencia.

La cohabitación suscita un ramillete de preguntas en múltiples direcciones. ¿Cómo afectará a la convivencia en los matrimonios? ¿Y al desarrollo y formación de los hijos? Hay estudios especialmente curiosos: algunos indican que convivir con los abuelos aumenta los casos de caries y otros problemas dentales entre los jóvenes.[78] También se ha estudiado su efecto sobre el rendimiento escolar, aunque sin resultados concluyentes.[79] En cualquier caso, la familia tipo en el planeta poscambio climático será parecida a la de nuestros protagonistas: un matrimonio con tensiones acumuladas, como el de Samir e Irina, un hijo único, como Rodrigo, y al menos un abuelo conviviendo con ellos.

Episodios de confinamiento

Cuando empecé a escribir este libro, a comienzos de 2020, este apartado rozaba la ciencia ficción, y planeaba dedicar una prolija explicación a por qué en el futuro viviremos con recurrencia epi-

78. Morita, Ayako; Yusuke Matsuyama; Aya Isumi; Satomi Doi; Manami Ochi, y Takeo Fujiwara, «Association Between Grandparent Co-Residence, Socioeconomic Status and Dental Caries Among Early School-Aged Children in Japan: A Population-Based Prospective Study», *Scientific Reports*, 9, art. 11345 (2019). Véase: <https://www.nature.com/articles/s41598-019-47730-3>.

79. Kreidl, Martin, y Barbora Hubatková, «Does Coresidence with Grandparents Reduce the Negative Association Between Sibship Size and Reading Test Scores? Evidence from 40 countries», *Research in Social Stratification and Mobility*, 38 (2014), pp. 1-17. Véase: < https://www.sciencedirect.com/science/article/pii/S0276562414000286>.

sodios de confinamiento. Ahora, en cambio, tras la pandemia de la COVID-19 que llevó al encierro de una parte importante de la población mundial durante varias semanas, no hace falta detenerse demasiado en una escena que, por cercana, nos resulta demasiado familiar. La tesis es que, a lo largo de las próximas décadas, el cambio en las condiciones climáticas obligará a adoptar medidas de confinamiento de forma intermitente, pero cada vez más habituales, tanto de modo paliativo, por ejemplo, como reacción ante las olas de calor extremo, durante las cuales se suspenderá la educación presencial y se fomentará el teletrabajo en las empresas, como también de forma preventiva, como la semana de «instituto en casa» de Rodrigo, para reducir los desplazamientos de los alumnos y disminuir su huella climática, y para ensayar la formación a distancia, como preparación frente a los episodios de obligado confinamiento.

Los retos del confinamiento también son variados: en este caso, si queremos mirarnos en un espejo, el más apropiado no es Japón, sino los países nórdicos, donde de forma natural, cada año, durante los inviernos, la población vive episodios parecidos a un confinamiento, con pocas horas de luz y viviendo la mayor parte del tiempo dentro de sus casas (de hecho, la dureza de los inviernos es una de las razones por las que el teletrabajo ya estaba mucho más generalizado en estos países antes de la COVID-19). La configuración de las viviendas es distinta (las casas son generalmente más espaciosas); la construcción, más elaborada, con una atención mayor al aislamiento térmico y al confort interior. Las actividades de ocio cambian mucho del verano al invierno y las relaciones sociales tienen también un componente estacional. No todos sus rasgos suscitan envidia. También existe un elevado nivel de alcoholismo y un número muy alto de suicidios, efectos secundarios de las particulares condiciones climáticas de los países nórdicos. Como bien conocemos, la estabilidad emocional de las familias, y particularmente de los más jóvenes, es uno de los eslabones más débiles en los episodios de confinamiento.

Una familia «japonesa»

El esbozo más frecuente del cambio climático es a través de desastres naturales: incendios, inundaciones, olas de calor o huracanes. En este capítulo hemos preferido esbozar un retrato menos conocido, más íntimo: el de la familia. ¿Cómo cambiará en las próximas décadas como consecuencia del cambio global del clima? Como hemos visto, la mayoría de los cambios acelerarán tendencias que están ya en marcha: retraso en la edad de los matrimonios, envejecimiento de la población, caída de la natalidad, incremento de los flujos migratorios, de la corresidencia entre generaciones y los episodios de confinamiento. Son cambios que se producirán casi con seguridad (de hecho, ya se están produciendo), incluso si somos capaces de evitar los escenarios climáticos más extremos. Uno de los grandes errores sobre el cambio climático es pensarlo en términos discontinuos, como una catástrofe que nos acecha en el futuro y que debemos evitar, en lugar de incardinarlo en las tendencias que están moldeando nuestras sociedades. Es mucho más apropiado inscribirlo dentro de lo que se ha denominado «gigatendencias», grandes vectores, todos ellos relacionados entre sí, que estarían dando forma al presente.[80] Durante mucho tiempo, seguramente de forma bienintencionada, las llamadas de atención climática se envolvían de un lenguaje agitado: «Urgencia», «¡Ahora!», «Apocalipsis», «Casino», «Bomba», «Verdad incómoda» eran los títulos más habituales en la bibliografía sobre el cambio climático.[81] Hasta el reciente libro de Bill Gates, por lo demás escrito con una nota optimista, llama en su título a evitar un «desastre climático».[82] Este desasosiego se explica porque el panorama que predice la ciencia es ciertamente alarmante; pero también porque hasta ahora la literatura climática buscaba, además de describir sus

80. Winston, Andrew, «COVID-19, Climate Change, and the Forces Shaping Our Future», *MIT Sloan Management Review*, 12 de mayo de 2020.

81. En lo que respecta al tono, hay también importantes excepciones. Una de las más notables es «Sustainable Energy – Without the Hot Air», de David Mackay.

82. Gates, *How to Avoid a Climate Disaster*, *op. cit.*

causas y consecuencias, una llamada a la acción. En este libro estamos ensayando un enfoque distinto: no le pedimos al lector que haga nada específico (al menos, no lo hacemos directamente), sino que se detenga a reflexionar sobre cómo el cambio climático está cambiando su vida cotidiana. En la inolvidable obra maestra de Oscar Wilde, Dorian Grey preserva la belleza de su juventud, mientras la decrepitud se refleja en un retrato que mantiene oculto en su habitación. En el caso del cambio climático, ocurre algo parecido: llevamos demasiado tiempo mirando absortos el cuadro de los dantescos desastres naturales que están por venir, en lugar de fijarnos en las marcas que el incremento de las temperaturas está dejando en nuestro propio rostro.

3

Las empresas

> La autobiógrafa describiría las lágrimas de la chica en el coche brotando como una lluvia que empieza de forma imperceptible, pero que de repente, por sorpresa, empapa todo.
>
> JONATHAN FRANZEN,
> *Freedom*

Madrid, 28 de noviembre de 2025 (9.30 a. m.)

Irina no sólo ejercía de árbitro entre su marido y su hijo. También se dedicaba a ello profesionalmente. Su carrera había sido un tiovivo. Tras llegar a España, empezó trabajando como traductora. Fue así como conoció a Samir, traduciéndole documentos para alguna gestión burocrática. Irina manejaba con solvencia varios idiomas y, aunque no ganaba mucho dinero, el trabajo le permitía organizar el tiempo a su antojo —a Samir eso le daba igual, era un animal de oficina—; al principio, dedicaba largas horas a la lectura. Más adelante, cuando nació Rodrigo, pasó a dedicárselas casi todas a él. Siguió haciendo traducciones de manera irregular, hasta que la tecnología hizo añicos aquel oficio.

Los traductores fueron reemplazados por programas automáticos, variantes de Google Translator que utilizaban algoritmos para traducir, convirtiéndolo en una labor mecánica: rastreaban en miles de millones de entradas la manera «correcta» de pasar de un idioma a otro. Mientras le daba vueltas a cómo reciclarse, inclinándose por cursar uno de los innumerables MBA en línea, a Irina le surgió una oportunidad en el lugar más insospechado: una gran compañía eléctrica. Sus trabajadores habían sido siempre un grupo muy homogéneo (ingenieros, españoles de origen, casi todos hombres), pero en los últimos años el grupo se había hecho mucho más diverso. La compañía se había expandido a otros países, por lo que habían contratado empleados de varias nacionalidades. No sólo ingenieros: al abrir nuevos negocios, habían incorporado también perfiles más diversos. No era extraño ahora encontrar politólogos —fichados para navegar en la política local de los países donde operaba—, psicólogos cognitivos —para predecir el comportamiento de los consumidores— y, sobre todo, especialistas en datos. La compañía se había convertido en una Torre de Babel. A Irina la contrataron como una especie de «*coach* intercultural». Mediaba en los conflictos laborales entre compañeros, la mayoría de ellos provocados por malentendidos culturales: un alemán que se ponía nervioso cuando le preguntaban por sus abuelos, un irlandés que no entendía las alusiones cómplices de un compañero de Girona o un catarí al que se le atragantaban las bandejas de las copas de Navidad. Irina tenía paciencia y memoria para escuchar, e imaginación para cicatrizar las heridas: desde un simple intercambio de disculpas o formación individualizada para cubrir las carencias interculturales hasta soluciones más creativas.

Irina sólo iba a la oficina una semana al mes, el resto del tiempo lo pasaba en casa. La mayoría de las disputas se podían resolver a través de una videollamada. Sólo los casos muy complicados exigían su presencia. Aquella mañana, como era habitual a esa hora, Irina se subió a un ascensor atestado de compañeros. Desde hacía tiempo, desde que no había café entre comidas, los encuentros casuales se habían convertido en una especie en extinción, y el ascensor prácticamente era el único lugar de la oficina donde intercambiar algunas frases con otros colegas. Para Irina, en cambio, resultaba un lugar algo incómodo: a menudo coincidía con rostros demasiado conocidos, protagonistas o víctimas de alguna disputa que había pasado por sus manos. Aunque las menos, algunas llegaban a ser acaloradas, y recordarlas, aunque fuese sólo por unos segundos en el ascensor, podía resultar embarazoso para todos.

En la primera planta se bajaron varios compañeros. Era la planta dedicada a los «negocios tradicionales». Dentro de la empresa eran los peor vistos. La producción de electricidad había dejado de ser rentable hacía tiempo y, casi de forma clandestina, la compañía conservaba varias plantas de gas natural, e incluso una de carbón. En la escalera corporativa, estos negocios ocupaban un escalafón inferior, nadie con ambiciones serias trabajaría allí, pero la compañía conservaba estas actividades por precaución, y además los trabajadores estaban protegidos por convenios colectivos de otra época. Irina apenas conocía a nadie allí, era la única planta que conservaba intacta la homogeneidad entre sus empleados, que casi nunca interactuaban con otros departamentos. No recordaba haber tenido que mediar en ninguna disputa entre ellos.

Era a partir de la tercera o cuarta planta cuando los rostros del ascensor se volvían familiares para Irina. Allí se ubicaban los «nuevos negocios»: eficiencia energética (el departamento más atractivo de toda la compañía), energías renovables o almacenamiento. Conforme el ascensor subía a las plantas superiores, los rasgos étnicos se volvían más variados y los empleados eran más altos —Irina pensaba que también más atractivos—. Hasta las bolsas de los ojos desaparecían y las dentaduras se volvían más blancas.

Sólo ahora, al vaciarse el ascensor, Irina reconoció a un compañero de origen indio, Faisal, de la quinta planta. Era el involuntario protagonista de una de sus últimas mediaciones. Ambos sonrieron sin mirarse. El coqueteo inofensivo también había desaparecido de los centros de trabajo. Faisal se había visto envuelto en un episodio un tanto desagradable. Ingeniero de telecomunicaciones y con experiencia previa en varias empresas tecnológicas, Faisal dirigía un equipo de veinte personas para el desarrollo de aplicaciones de ahorro energético: era una de las grandes apuestas de la compañía, que había hecho un esfuerzo considerable por traerse a Faisal, junto al resto de su equipo, desde San Francisco. Faisal, como muchos hindúes, era vegetariano. Varias semanas antes, se había jubilado uno de los directivos más veteranos de la compañía, uno de los jefes de la primera planta, la de negocios convencionales. Había invitado al resto de los directivos a un conocido asador madrileño. Faisal aceptó la invitación sin dudarlo. Siempre aprovechaba cualquier ocasión para coincidir con los más veteranos de la compañía porque pensaba que atesoraban un conocimiento tan valioso como poco explotado. Sólo cuando ya estaba sentado en la mesa del asador, Faisal reparó en que no había ningún plato vegetariano en la carta —no era la primera vez que le pasaba en Madrid—, y pidió simplemente un té. Un rato después, el homenajeado, con varias copas de vino de más, vio a Faisal tomando su taza de té, y mitad ofendido, mitad embravecido por la celebración, empezó a hacer chistes de dudoso gusto sobre vegetarianos y extranjeros.

Era un incidente que reunía de todo: los chistes sobre extranjeros, la burla de una elección tan personal como ser vegetariano y que además en el caso de Faisal tenía un cariz religioso. Hasta la elección del restaurante había sido en cierto modo una falta de respeto. Irina poco podía hacer por el compañero que se jubilaba, aunque puso todo su empeño en que pidiese disculpas, sin conseguirlo. Algo más de éxito tuvo en convencer a Faisal de que aquella cultura se estaba desterrando de la empresa. Le puso un ejemplo que le gustaba utilizar: una cosa era el *weather* (el tiempo) y otra el *climate* (el clima) dentro la empresa. Podía haber perturbaciones meteorológicas puntuales, como aquel desgraciado incidente en el asador. Pero lo importante era mirar el *climate*, la tendencia. Y era innegable que la cultura interna se movía hacia una mayor tolerancia y respeto entre sus trabajadores. Si algo sabía Irina era contar historias. A veces, le gustaba pensar que se parecía a Patty, la protagonista de *Freedom*, la novela de Jonathan Franzen.

Aunque utilizaba a menudo aquella comparación entre *weather* y *climate* (el trasfondo medioambiental de aquella historia no pasaba desapercibido para nadie), le funcionaba mucho mejor en inglés que en español. Era algo que a Irina le causaba perplejidad: *weather* tenía raíces germánicas, procedía de la palabra *wind*, 'viento'. En español, su mejor traducción era 'tiempo'. Pero aquello era un sinsentido: *weather* representaba lo puntual y efímero. Ése era justamente el cogollo de su ejemplo, el motivo de contraponerlo a *climate*. Irina no entendía que una palabra como *tiempo*, que describe el paso de la vida, sirviese también para referirse al estado atmosférico. ¿Qué idioma utiliza una sola palabra para lo perpetuo y lo instantáneo? Quizá respondiese a la forma que tenían los españoles de mirar el largo plazo. Aquella impaciencia que vestían de prisa. Faisal se giró al salir del ascensor. Con media sonrisa, chapurreando un español todavía a medio construir, dijo: «Que tengas un buen mañana». Irina sonrió, mientras pensaba que, seguramente sin quererlo, aquella frase de Faisal tenía más sentido que la gramaticalmente correcta. Quizá ya era tarde para desear «un buen día» y había llegado el momento de desear a los demás que tuviesen «un buen mañana».

Entre 2013 y 2015 viví en Filadelfia, completando el programa de Administración de Empresas (MBA) de la escuela de negocios de Wharton, de la Universidad de Pensilvania, gracias a una beca del Programa Talentia de la Junta de Andalucía, sin cuyo apoyo aquella aventura se hubiera convertido en algo parecido a una temeridad, al menos desde el punto de vista financiero.

El MBA es una experiencia extraordinaria. El nivel de enseñanza es altísimo y muy distinto a la dinámica de un aula europea. En lugar de impartir una lección magistral, el profesor adopta un papel de animador, las discusiones son vivas y la comunicación fluye en múltiples direcciones. Desde el punto de vista profesional, el MBA es también una fuente casi inagotable de oportunidades. Pero seguramente lo más atractivo del programa es el grupo de estudiantes que lo forman: un crisol de experiencias personales, raudales de entusiasmo y de nuevos planes.

Estados Unidos, por su parte, es un lugar formidable. Seguramente no existe ningún otro sitio en el mundo con la vitalidad, el optimismo y las oportunidades que afloran en suelo estadounidense. La meritocracia —ahora tan discutida—, con todas sus imperfecciones, es una realidad que se palpa con las manos. En mi clase del MBA había hijos de familias acomodadas, en algunos casos herederos de verdaderas fortunas. Aun así, era fácil comprobar que el heraldo del apellido pesaba más entre los estudiantes europeos o latinoamericanos que entre los estadounidenses, donde el pasado familiar es mucho más ligero. Había hijos de profesores, profesionales liberales o hasta granjeros. No existía un patrón común, salvo el de haber sido excelentes estudiantes y haber accedido a una universidad de prestigio, en algunos casos con becas o la mayoría pidiendo el dinero prestado —lo que se convertiría en una pesada carga que arrastrarían durante años—. Después de trabajar en instituciones de primer nivel (empresas como Goldman Sachs, Morgan Stanley, McKinsey o BCG), tras varios años de carrera profesional, se habían decidido a complementar su experiencia con un MBA. «¿Para qué lo necesitan?», me preguntaba muchas veces. La respuesta es que seguían teniendo hambre profesional, querían avanzar hacia el siguiente nivel en su carrera, buscaban cambiar de sector y probar una nueva industria, o sencillamente necesitaban un respiro, dedicarse a viajar o encontrar una pareja, a lo que (también) se dedicaban con denuedo durante aquellos inolvidables meses.

Debo decir, sin embargo, que, al contrario que muchos amigos, no conseguí enamorarme de Estados Unidos. Tal vez lo habría hecho si hubiese sido diez años más joven, con el ansia propia del primer desembarco en el mundo laboral, cuando aún no tienes otras responsabilidades familiares más que tú mismo. O quizá lo habría hecho también con diez años más, no lo sé. Pero lo cierto es que hubo dos rasgos de la vida de Estados Unidos a los que nunca conseguí acostumbrarme.

El primero ya lo conocía: es la cantidad de personas que viven fuera del sistema. En Filadelfia vivíamos en uno de los barrios más caros de la ciudad, e incluso allí decenas de personas no es que viviesen en la calle, sino que literalmente se estaban muriendo en ella. Personas que no sólo carecían de recursos, sino de asistencia sanitaria o protección alguna. Quizá peque de una vieja mentalidad bismarckiana, pero, tras volver a Europa, me resultaba inevitable pensar que aquí, por muy mal que te vaya la vida y mucha mala suerte que acumules, hay determinadas situaciones de desamparo que, por fortuna, nunca nos tocará vivir. Es un seguro con el que nacemos por el simple hecho de ser europeos.

El segundo rasgo de la vida en Estados Unidos, en cambio, me era mucho más desconocido. Es una especie de tensión latente. El país entero es una sociedad con los nervios a flor de piel, que explotan, o parecen a punto de hacerlo, en cada momento. Una intervención de la policía local puede derivar en un conflicto racial larvado durante décadas. Un comentario desafortunado en una entrevista en televisión, un tuit malinterpretado o, en nuestro caso, un comentario en clase sacado de contexto. Cualquier incidente menor puede desatar los demonios. Esta tensión, que ha colonizado el debate político, se percibe también a otro nivel en la vida cotidiana. En el autobús, en la oficina de correos, en la cola del supermercado. Vives siempre con la sensación de que cualquier chispa puede provocar una tormenta, una reacción en cadena de consecuencias imprevisibles.

Una de las razones es que se trata de una sociedad muy desigual, pero a la vez con una escalera social muy permeable, aunque cada vez lo sea menos. Según un informe publicado por la OCDE en 2018,[83] los hogares de renta alta en Estados Unidos tienen los padres de orígenes más diversos (tanto ricos como pobres) de los países desarrollados, con un rango mucho más amplio que en lugares como España. Es conocido que la diferencia entre los más ricos y el resto de la población en el país norteamericano es gigantesca, muy por encima de Europa. Pero una segunda diferencia, que a veces se olvida, es que en Estados Unidos el individuo medio (*the ordinary Joe*) tiene motivos para creer que podría haber pertenecido al grupo de los más afortunados. Simplemente le ha faltado una pizca de suerte o de decisión en un momento determinado. Es como si Joe, el estadounidense medio, no pudiese dejar de pensar en qué poco le habría hecho falta para disfrutar de una vida muy diferente, inmensamente más privilegiada. Este sentimiento de injusticia individual, este poso de amargura por no haber alcanzado una cima que estaba a la vista, incubado durante años y generalizado, concluí, es el principal responsable de la tensión social latente en Estados Unidos.

83. «A Broken Social Elevator? How to Promote Social Mobility», OECD, 2018.

Pero no es el único factor. Como han señalado autores como Rick Perlstein,[84] antes de la década de los sesenta la sociedad estadounidense también era desigual (tal vez lo fuese un poco menos) e igualmente permeable (tal vez un poco más), pero en cambio era mucho más jovial, con menos dosis de amargura y de polarización del debate político. Muchas de las tensiones sociales del país, aunque obviamente no todas —la injusticia racial tiene varios siglos de existencia—, nacieron precisamente en esos años. La polarización de la vida pública es un fenómeno relativamente de nuevo cuño.

Dedicaremos los capítulos 4 y 5 a analizar cómo muchos países están caminando en la misma dirección que Estados Unidos ha seguido durante décadas: una sociedad más tensa y agresiva, con profundas divisiones sociales. Como argumentaremos, el cambio climático, entre otros factores, alimentará estos cambios, cambiando la fisonomía de nuestras ciudades, haciéndolas más fragmentadas y situando en la primera línea del debate político cuestiones identitarias básicas, como el papel del Estado, la inmigración, el envejecimiento de la población, la desigualdad social o la privacidad.

Si el cambio climático hará que las familias sean más «japonesas», como vimos en el capítulo anterior, y la discusión pública más «estadounidenses», como veremos más adelante, ¿cuál será su efecto sobre las empresas? Es a esta pregunta a la que responderemos en este capítulo. Para ello, debemos volver al MBA de Wharton.

La «gran idea» de Wharton

Una de las primeras actividades en Wharton es una competición de ideas de negocio conocida como «La gran idea» (*The Big Idea*). Este curso introductorio comienza con un tema general (en mi caso fue la sostenibilidad medioambiental) sobre el que

84. Perlstein, Rick, *Nixonland: The Rise of a President and the Fracturing of America*, Scribner, Nueva York, 2008.

cada alumno desarrolla un primer bosquejo de negocio. Se empieza individualmente para evitar que la dinámica de la discusión en grupo (*group thinking*) marchite las ideas menos obvias, las más originales, o silencie a los alumnos más tímidos. Tras esta primera fase, cada alumno defiende delante del resto su propuesta. A través de una votación, se eligen las más prometedoras, y se forman equipos para desarrollarlas y perfeccionarlas. En sucesivas rondas, las mejores ideas sobreviven, mientras se amplía el tamaño de los equipos. El sistema funciona bastante bien. En mi año, algunas de las ideas ganadoras acabarían convirtiéndose en negocios reales.

Mi propuesta inicial no superó la primera criba y, tal vez picado por una pequeña dosis de resentimiento, cuando ya trabajábamos en grupo, puse en duda que la idea de negocio que nos tocaba desarrollar (una aplicación para el ahorro energético) fuese a despertar el interés de las grandes compañías, algo imprescindible para llegar a los consumidores: «¿Cómo puede interesarle a alguien cuyo negocio es vender electricidad que se consuma menos electricidad?», me pregunté en voz alta. La respuesta de uno de mis compañeros casi justificó por sí sola la experiencia del MBA: «¿Quién dice que dentro de unos años esas compañías seguirán vendiendo electricidad y no algo completamente distinto?».

La competición de ideas tenía su continuación en el curso de Innovación, del profesor Karl Ulrich, con merecimiento uno de los más afamados del programa. En el mismo se analizaban los cambios, las innovaciones en un sentido amplio, aquellas que pueden transformar incluso las industrias más consolidadas. Uno de los ejemplos clásicos es el de Kodak. La compañía fue creada en 1880 por George Eastman en Rochester, en el estado de Nueva York. Su principal innovación fue reemplazar el cristal fotográfico por una película, más accesible para su consumo en masa. Su primer eslogan publicitario, en 1885, fue: «Usted aprieta el botón, nosotros hacemos el resto». Kodak presentaba su película fotográfica como algo tan fácil de usar «como un lápiz». La fotografía como fenómeno de masas estaba a punto de nacer.

Desde el principio, Kodak siguió lo que se conoce como la

estrategia de las cuchillas de afeitar (*razor and blade model*): vendía las cámaras fotográficas a un precio muy bajo y obtenía la mayor parte de sus beneficios de la venta de consumibles, como carretes fotográficos o papel de revelado (la estrategia es la misma que siguen los fabricantes de cuchillas de afeitar con recambios). A principios de los años ochenta, Kodak tenía una cuota de mercado cercana al 90 por ciento en los carretes y del 85 por ciento en las cámaras fotográficas en Estados Unidos. Pero era sobre todo con lo primero con lo que ganaba dinero.

A principios de los noventa, un nuevo producto empezó a popularizarse: la cámara digital. Curiosamente, la propia Kodak había desarrollado la primera cámara digital en 1975, y tenía una división para explorar nuevas tecnologías, especializada en fotografía digital. No fue por tanto una innovación tecnológica del producto lo que cogió por sorpresa a Kodak. La compañía conocía perfectamente el potencial de la cámara digital, ¡habían sido los primeros en desarrollarla! Lo que Kodak no fue capaz de anticipar fueron las repercusiones del nuevo producto sobre su modelo de negocio tradicional. La cámara digital representó lo que el profesor Ulrich llamaba en sus clases una «innovación disruptiva»: de repente, los consumibles dejaron de tener valor. Los consumidores ya no «revelaban» fotografías, sino que las almacenaban en tarjetas de memoria o en los discos duros de sus ordenadores. Los carretes fotográficos, el papel de revelado o los propios establecimientos (las «tiendas Kodak») dejaron de ser rentables. El modelo «de las cuchillas de afeitar» ya no funcionaba. Como ha señalado Mauro Guillén, otro de los profesores más reputados de Wharton, las disrupciones en el *statu quo* pueden surgir al modificar uno —o más— de los siguientes aspectos: «El concepto del producto, la forma de fabricarlo, cómo se vende, quién lo utiliza, cómo se utiliza o cómo interactúan las personas entre sí».[85]

¿Por qué no consiguió adaptarse Kodak al nuevo entorno competitivo y terminó declarándose en bancarrota en el año

85. Guillén, *2030: How Today's Biggest Trends Will Collide and Reshape the Future of Everything*, *op. cit.*

2012? Es una de las preguntas más debatidas por la teoría empresarial. Para adaptarse, Kodak habría necesitado una transformación casi completa, convertirse en una empresa distinta. Prestar menos atención a los consumibles y centrar sus esfuerzos en el equipamiento, que se había convertido en la pieza esencial de la industria para seguir haciendo dinero. Kodak no fue capaz de reinventarse.

¿Es el cambio climático uno de estos factores disruptivos, capaces de transformar una industria, convirtiendo en irrelevantes productos que hoy son esenciales y en cambio sacando de la oscuridad otros a los que apenas prestamos atención? Volvamos a la «gran idea» y la respuesta de mi compañero sobre el ahorro energético: ¿y si las compañías eléctricas del futuro dejan de hacer dinero vendiendo electricidad y en cambio empiezan a hacerlo vendiendo «consejos» sobre cómo ahorrar en su consumo?, ¿y si dentro de unos años venden electricidad con el único objetivo de mantenerse en contacto con el cliente?, ¿y si en lugar de megavatios-hora —la medida de consumo de la electricidad— el negocio del futuro es vender «negavatios», como se ha denominado al ahorro energético?

Puede parecer una idea contraintuitiva —a mí así me lo pareció al principio—, pero conviene tomársela en serio: el ahorro energético constituye una inmensa oportunidad de negocio. La consultora McKinsey lo ha definido como una de las claves para la competitividad de las empresas, especialmente para las europeas, donde los costes energéticos son altos y es complicado reducir otros costes productivos. La Agencia Internacional de la Energía estima en 250.000 millones de euros al año las inversiones necesarias en el sector de la eficiencia energética.[86]

Son precisamente las compañías eléctricas las mejor situadas para explotar las oportunidades del ahorro energético. A través de los contadores instalados en nuestros hogares, las empresas eléctricas reciben volúmenes ingentes de datos sobre nuestros hábitos de consumo: saben a qué hora del día encendemos la lavado-

86. <https://www.iea.org/reports/world-energy-investment-2020/key-findings>.

ra, si dejamos los electrodomésticos en modo *stand-by* o los apagamos por completo, o si nos olvidamos los móviles enchufados durante toda la noche. Gracias al *big data*, el procesamiento de todos estos datos, las compañías pueden extraer valiosas conclusiones y formular recomendaciones personalizadas a sus clientes para evitar gastos superfluos e innecesarios, como la aplicación de ahorro energético que —a veces me gusta pensar— podría habernos hecho millonarios a mí y a mis compañeros del MBA.

Las recomendaciones pueden ir incluso un paso más allá: conforme la domotización de las tareas domésticas avance, las compañías eléctricas, en alianza con empresas tecnológicas que ya comercializan asistentes domésticos, como Alexa (Amazon), Siri (Apple) o Google Home, pueden pasar de formular simples recomendaciones a tomar ellas mismas las decisiones. «Entrar» en nuestros hogares, lo que despierta interrogantes éticos que analizaremos en el capítulo 5. Por ejemplo, optimizar el funcionamiento de una lavadora para que se ponga en marcha en el período del día en el que la electricidad es más barata, apagar automáticamente los aparatos que dejamos en *stand-by* o regular la temperatura en función de las personas presentes en una habitación y de sus preferencias individuales.

Antes de seguir imaginando las empresas del futuro, volvamos por un momento a las del presente, a la pregunta original: ¿puede efectivamente el cambio climático convertirse en un factor disruptivo para muchas industrias?

Los activos «varados»

¿Cuánto vale una compañía petrolera? Obviamente la respuesta depende de muchos factores, pero la mayoría de los métodos de valoración utilizan métricas parecidas: cuántos barriles de petróleo tiene la compañía «anotados» en sus libros (es decir, sobre cuántos barriles tiene reconocidos derechos de explotación económica), cuánto valen esos barriles y cuánto cuesta extraerlos.

Tomemos, por ejemplo, el caso de ExxonMobil, una de las principales compañías petroleras del mundo (heredera de Standard Oil, la compañía fundada por John D. Rockefeller a finales del siglo XIX). En 2019, tenía en su balance 22.500 millones de barriles equivalentes de petróleo. El valor de la empresa (*enterprise value*, el valor de mercado de sus activos) ascendía a unos 350.000 millones de dólares. Es decir, aproximadamente 15 dólares por barril. Aquel año, el precio del barril de petróleo se situó en unos 65 dólares de media, por lo que, *grosso modo*, se deduce que el coste de exploración, descubrimiento y extracción de los barriles —todas las actividades necesarias para mandar los barriles a una refinería— era aproximadamente la diferencia (unos 50 dólares).

ExxonMobil produce cada día 2,3 millones de barriles. De mantener ese ritmo, tendría reservas suficientes para seguir produciendo durante los próximos veinticinco años. En realidad, será más tiempo, porque gran parte de los gastos de la compañía se dedica precisamente a descubrir nuevas reservas. La exploración de petróleo es una actividad muy compleja: se realizan costosos estudios geológicos y, pese a los avances tecnológicos, todavía son necesarias actividades de perforación para determinar con exactitud cuánto petróleo hay en el subsuelo. ExxonMobil tiene grandes esperanzas puestas en dos proyectos, uno en Guyana y otro en la llamada Cuenca Pérmica, en el estado de Texas. En Guyana, donde todavía no ha extraído un solo barril de petróleo, ExxonMobil ha identificado entre 5.000 y 10.000 millones de barriles explotables comercialmente. Podría por tanto incrementar hasta un 50 por ciento sus reservas actuales sólo con ese proyecto. En 2019, Exxon invirtió 20.000 millones de dólares en sus actividades de exploración y, pese a la caída de la demanda y del precio del petróleo tras la pandemia de la COVID-19, espera que sus inversiones se sitúen entre 20.000 y 25.000 millones de dólares anuales al menos hasta 2025.

En general, los campos petrolíferos tienen una vida estimada de entre veinte y treinta años, aunque normalmente las actividades se prolongan más allá. Muchas veces, las compañías descubren reservas adicionales tras comenzar la extracción o mejoran la tecnología disponible, lo que permite el acceso a un volumen mayor de reservas. El campo de Safaniya, en Arabia Saudí, el más grande del mundo, ha estado en funcionamiento desde 1957.

Una vez empiece a producir el campo petrolífero de Guyana, ¿seguirá activo dentro de veinte, treinta o cuarenta años? Ésta es una pregunta que han empezado a hacerse muchos inversores: ¿y si muchos de los barriles que las compañías petroleras se «anotan» en sus libros no se extraen nunca, sino que para cumplir con los objetivos climáticos deben permanecer en el subsuelo?

Recordemos el concepto del «presupuesto de CO_2» que introdujimos en el primer capítulo: existe una cantidad máxima de CO_2 que podemos emitir a la atmósfera para limitar el incremento de la temperatura a un determinado umbral, ya sea 1,5 °C (el compromiso «aspiracional» de París), 2 °C (el objetivo mínimo firmado en París) o 3 °C (el escenario al que apuntan los compromisos individuales de los diferentes países).

Existe una correspondencia directa entre el presupuesto de CO_2 y la cantidad de petróleo y otros combustibles fósiles, como gas natural o carbón, que deberán quedarse «varados». Se ha calculado que para cumplir con el escenario de 1,5 °C, alrededor del 85 por ciento de los combustibles fósiles ya descubiertos deben permanecer en el subsuelo.[87] Es decir, el 85 por ciento del valor de las compañías petroleras y gasistas desaparecería, porque ¿para qué extraer combustibles fósiles del subsuelo si no pueden ser utilizados?

Por su parte, para limitar el incremento de la temperatura a 2 °C, alrededor del 60 por ciento de las reservas actuales debe quedarse en el subsuelo. Y si, en cambio, nos «conformásemos» con un incremento de la temperatura de 3 °C, bastaría que un 5 por ciento de las reservas se quedase bajo tierra. Pero incluso en este último caso, el impacto sobre las compañías petroleras sería mucho mayor: además de una parte de las reservas ya probadas, todos los proyectos en fases iniciales deberían paralizarse. Gran parte del petróleo de Guyana, por ejemplo, nunca sería ex-

87. <https://www.ft.com/content/95efca74-4299-11ea-a43a-c4b328d9061c>.

traído, y Exxon habría malgastado miles de millones invertidos en los últimos años.

Es lo que se conoce como «activos varados» (*stranded assets*). La Agencia Internacional de la Energía los define como «inversiones realizadas pero que, en un momento previo al final de su vida económica —el período previsto en el momento de realizar la inversión—, dejan de ofrecer un retorno económico como consecuencia de cambios en el mercado o el entorno regulatorio».[88]

Para entendernos, es como si comprásemos una vivienda pensando en vivir en ella durante décadas, pero al cabo de pocos años nos obligan a abandonarla. El ejemplo de la vivienda resume los múltiples riesgos. En primer lugar, para el propietario: supongamos que el precio de la vivienda fue de 300.000 euros, ¿hubiésemos pagado lo mismo de saber que sólo podríamos vivir en ella durante apenas unos años? Las repercusiones no se quedan ahí: ¿qué ocurre con el banco que nos prestó el dinero, con el que habíamos acordado la devolución del préstamo a lo largo de, digamos, veinticinco años?, ¿debemos seguir pagándole incluso cuando nos han obligado a abandonar la vivienda?, ¿quién asume el importe del préstamo que resta por amortizar, nosotros, el banco o un tercero?, ¿tal vez debería asumirlo el Estado si fue suya la decisión de que abandonásemos la vivienda?, ¿podíamos saber nosotros, cuando hicimos la compra, que este riesgo existía?

No estamos hablando de minucias. En el escenario de 1,5 ºC, alrededor de 900.000 millones de dólares del valor de las compañías podría desaparecer (prácticamente la misma cantidad del PIB español, es decir, todo lo que producimos a lo largo de un año). Por su parte, en el escenario de 2 ºC (recordemos, ¡el objetivo mínimo de París!), habría cerca de 400.000 millones de dólares de pérdidas que alguien tendría que asumir. ¿Serán los accionistas de las compañías petroleras o sus bancos acreedores? ¿Habrá que establecer algún mecanismo de compensación, financiado con fondos públicos?

88. <https://www.iea.org/publications/freepublications/publication/WEO_Special_Report_2013_Redrawing_the_Energy_Climate_Map.pdf>.

Y no se trata sólo de las empresas petroleras. ¿Qué ocurre con los daños físicos causados por el cambio climático? Más de dos terceras partes de los daños causados por las lluvias no están asegurados.[89] Si los daños por inundaciones u otras catástrofes climáticas van a más en los próximos años, ¿tendrán las compañías aseguradoras que cubrirlos?, ¿pagarán por ellos los asegurados? Recordemos el ejemplo de la urbanización costera del capítulo anterior: en muchos lugares, el escenario que dibujábamos allí es ya una realidad. Varias ciudades, entre ellas Miami, han creado impuestos municipales para financiar la construcción de infraestructuras de protección climática. Mientras, los bancos siguen concediendo hipotecas a plazos muy largos, de hasta treinta años o incluso superiores. Si las viviendas pierden su valor antes, ¿quién asumirá las pérdidas?

El impacto será más alto en las empresas con mayor presencia en el sector de los combustibles fósiles, especialmente aquellas cuyos inventarios tienen una vida más larga, como ExxonMobil, PetroChina, Rosneft o BP. Pero también se encuentran en la primera línea de fuego los bancos y entidades financieras que han prestado dinero a estas compañías o los inversores que han adquirido sus bonos corporativos. El exgobernador del Banco de Inglaterra, Mark Carney, una de las voces más respetadas entre los supervisores financieros, lleva años abogando por que las empresas, especialmente las entidades financieras, desvelen de forma más transparente sus riesgos climáticos, hasta qué punto están expuestas al cambio disruptivo de que una gran parte de los activos pierda su valor en los próximos años, el riesgo de que los barriles de petróleo que Exxon tiene en su balance, con un valor «implícito» de 15 dólares, pasen a no valer nada porque el calentamiento global obligue a dejarlos en el subsuelo. Exactamente lo que pasó con los carretes fotográficos de Kodak.

Hay una pregunta obligada al analizar los mercados financieros: ¿y si los inversores están teniendo en cuenta el futuro, y

89. *The Economist*, «A Grim Outlook», *The Economist*, 19 de septiembre de 2020. Véase: <https://www.economist.com/special-report/2020/09/17/a-grim-outlook>.

los activos varados están ya descontados en el valor de las compañías? La respuesta es que, en parte, así es. Mientras el resto de las empresas tratan de separarse, a distinta velocidad, del negocio de los combustibles fósiles, Exxon ha redoblado su apuesta por el petróleo.[90] Y los inversores la han castigado por ello. Entre 2015 y 2020, la cotización de Exxon cayó un 60 por ciento, frente a, por ejemplo, apenas un 20 por ciento de su tradicional rival, Chevron. Pero incluso con este descuento, la experiencia demuestra que los mercados no siempre descuentan eficientemente el futuro. Pueden pensar que los objetivos climáticos no se van a cumplir y que, por tanto, Exxon podrá extraer todos los barriles que tiene anotados en sus libros. O que producirá más rápido, antes de que deje de ser viable extraerlos. O, simplemente, pueden ser miopes a plazos relativamente largos, de diez, veinte o treinta años. A fin de cuentas, ¿no son los mismos mercados los que apostaban con los ojos cerrados por las «hipotecas basura» o los que siguen prestando dinero a Argentina, a pesar de que acumula nueve episodios de impago soberano desde su independencia?[91]

Además, la complejidad de las relaciones económicas actuales puede actuar como una caja de resonancia: no se trata tan sólo de los barriles que Exxon tiene reflejados en sus libros, sino de las empresas de ingeniería que trabajan en labores de exploración y perforación, de los buques mercantes que transportan el petróleo de unos países a otros, de los llamados «petroestados», países como Arabia Saudí, Irán, México, Nigeria, Rusia, Venezuela, pero también Australia o Noruega, en los que la exportación de petróleo crudo y sus derivados tiene una participación muy destacada en el total de las exportaciones, y los ingresos fiscales derivados del petróleo sostienen importantes programas de gasto público.

90. <https://www.ft.com/content/30ffa51b-2079-400e-84f1-2e4599119 4c8>.

91. Bartenstein, Ben; Sydney Maki, y Marisa Gertz, «One Country, Nine Defaults: Argentina Is Caught in a Vicious Cycle», *Bloomberg*, 2020. Véase: <https://www.bloomberg.com/news/photo-essays/2019-09-11/one-country -eight-defaults-the-argentine-debacles>.

La magnitud de los activos varados y de los efectos derivados en otros sectores de la economía convierte en redundante la pregunta que nos hacíamos al principio: no es que el cambio climático pueda convertirse en un factor disruptivo, es que será EL factor disruptivo durante los próximos años. No viene una marejada, sino un tsunami, que pondrá patas arribas muchas industrias. Si la era digital acabó con Kodak, ¿cuántas empresas sobrevivirán en la «era posclimática»?

¿Se puede ganar dinero apostando por lo «verde»?

De acuerdo: muchas empresas serán víctimas del tsunami climático y muchas industrias se transformarán de arriba abajo. Pero ¿no habrá también ganadores? Empresas como Nikon, Canon o Sony se beneficiaron de la irrupción de la fotografía digital. Prosperaron justo donde Kodak entró en barrena. Otras industrias, como los smartphones, se beneficiaron también de su desarrollo, al incluir cámaras digitales en los teléfonos móviles. La propia industria musical ha sufrido una transformación similar en los últimos años: pocos lectores recordarán la última vez que compraron un álbum, ya fuese en forma de CD o, todavía más añejo, un disco de vinilo. Pero, a pesar de estos cambios, la industria musical no ha desaparecido. Ha encontrado rutas por donde seguir «monetizando» el interés de los consumidores por la música, ya fuese a través de Spotify, YouTube, TikTok u otras plataformas. ¿No abrirá también la transición ecológica inmensas oportunidades de negocio?

Sin duda que lo hará. Los Objetivos de Desarrollo Sostenible (ODS) de Naciones Unidas representan una oportunidad de negocio que se ha estimado en 12 billones de dólares[92] (el equivalente al PIB anual de China). Las inversiones mundiales en energías

92. Vali, Nazila, «More Than Philanthropy: SDGs Are a $12 Trillion Opportunity For the Private Sector», Naciones Unidas, 2017. Véase: <https://www.undp.org/content/undp/en/home/blog/2017/8/25/More-than-phi

renovables en la última década alcanzan los 2,6 billones de dólares[93] y las necesidades de inversión por materializar son todavía gigantescas. Para cumplir con los objetivos de París, las inversiones en plantas solares y eólicas, por ejemplo, deberían triplicarse respecto a sus niveles actuales, alcanzando los 750.000 millones de dólares cada año, según la Agencia Internacional de la Energía.

La transición ecológica exige la transformación prácticamente completa de las infraestructuras y capacidades de producción de la economía mundial, con el objeto de hacerlas más sostenibles medioambientalmente y reducir su huella de CO_2: casi por definición, se abren inmensas oportunidades de inversión y, por tanto, de negocio.

Seguramente no existe una empresa mejor que Tesla para dar testimonio de ello. A finales de junio de 2020, las bolsas vivieron uno de esos momentos con el aroma de dejar huella en los libros de historia: Tesla, el fabricante de automóviles eléctricos, superaba en valor bursátil a ExxonMobil, el gigante petrolero. A finales de ese mismo año, Tesla ya valía tres veces más que Exxon. En el momento de escribir estas líneas, en enero de 2021, Elon Musk, fundador y principal accionista de la compañía —con alrededor del 20 por ciento de las acciones—, se había convertido en el hombre más rico del planeta.

Tesla fue creada en el año 2003 por el propio Musk, junto con otros cuatro socios. Musk había demostrado ya entonces ser un «emprendedor en serie», participando en el lanzamiento de compañías como Zip2 Corp y Paypal, esta última adquirida por eBay en 2002 por 1.500 millones de dólares.

En el capítulo 4 veremos con más detalle la larga historia de los vehículos eléctricos. Basta ahora señalar que la principal in-

---

lanthropy-SDGs-present-an-estimated-US-12-trillion-in-market-oppor tunities-for-private-sector-through-inclusive-business.html>.

93. Loran, Sophie, y Moses Osani, «A Decade of Renewable Energy Investment, Led by Solar, Tops USD 2.5 Trillion», Naciones Unidas, 2019. Véase: <https://www.unenvironment.org/news-and-stories/press-release/decade -renewable-energy-investment-led-solar-tops-usd-25-trillion#:~:text=Frank furt%2FNairobi%2C%205%20September%202019,to%20new%20figures %20published%20today>.

novación de Tesla no fue tanto apostar por la tecnología eléctrica, cuyos orígenes se remontan al desarrollo de la automoción a principios del siglo xx, sino diseñar una estrategia de arriba abajo: en lugar de centrarse en los vehículos ligeros, con poca autonomía, aptos para entornos urbanos, que era la apuesta de la mayoría de los fabricantes de automóviles eléctricos, Tesla lanzó en 2008 el Roadster para competir en la gama alta de vehículos deportivos. Gracias a su éxito, después vino el Modelo S, en 2012, e incluso antes de su lanzamiento ya se había presentado el Modelo X SUV. Musk había anticipado la estrategia en un post en el blog de la compañía: «Primero, fabricar un coche deportivo. Segundo, usar ese dinero para fabricar un coche competitivo. Tercero, usar ese dinero para fabricar un coche todavía más barato. Cuarto, mientras tanto, ofrecer la opción de una generación eléctrica con cero emisiones».[94] El mensaje era inequívoco: Tesla se centraba primero en la gama alta de vehículos deportivos; después iría a por el resto de los segmentos del mercado de automóviles.[95] El vehículo eléctrico no era una apuesta de nicho, sino un asalto a la industria entera.

La transformación de la industria del automóvil, en efecto, está siendo espectacular. En 2019, el fabricante de automóviles sueco Volvo anunció sus planes para convertirse en «ciento por ciento eléctrico»: todos los modelos vendidos por la compañía tienen ya al menos un motor eléctrico, y su plan es que en 2025 al menos la mitad de las ventas sean modelos puramente eléctricos. Otros fabricantes como Volkswagen han seguido los mismos pasos: la compañía alemana espera vender un millón de vehículos eléctricos en 2023 (dos años antes de lo previamente anunciado) y se ha marcado el objetivo de convertirse en el líder mundial en la producción de vehículos eléctricos. Renault ha superado una de las peores crisis empresariales de la historia de la industria, incluido el arresto de su consejero delegado, gracias a los excelentes resultados de su gama de vehículos eléctricos.

94. Musk, Elon, «The Secret Tesla Motors Master Plan (Just Between You and Me)», *Enthusiasts / Blog*, 2006.

95. Tesla Motors Inc., The Wharton School.

No se trata simplemente de sustituir el motor de combustión interna por otro eléctrico: la transformación de la industria alcanza también las baterías y la digitalización de los vehículos, un ecosistema que la revista *The Economist* ha bautizado como «Teslaverse». De hecho, la compañía de Elon Musk intentó expandir sus actividades hacia el mercado de las baterías domésticas, aunque hasta el momento los resultados han estado por debajo de lo esperado.

El planteamiento de Tesla era que muchos consumidores querrían combinar la instalación de paneles solares en sus tejados con baterías en sus sótanos, «independizándose» así de la red eléctrica. La segunda parte de la ecuación no termina de arrancar, pero la primera va como un tiro. A finales de 2019 había dos millones de instalaciones solares en Estados Unidos, lo que situaba en un 6 por ciento el porcentaje de los hogares estadounidenses con paneles solares en sus tejados.[96] Hasta un 46 por ciento del total de los hogares estadounidenses se ha planteado su instalación en el último año.[97] Durante 2019, se instalaron en Estados Unidos más megavatios de solar fotovoltaica que de cualquier otra tecnología de generación eléctrica. Empresas como First Solar o Bloom Energy están recogiendo los frutos de este espectacular crecimiento.

A su vez, el desarrollo fotovoltaico está reconfigurando otros mercados, como el de la calefacción doméstica. Las bombas de calor (*heat pumps*) utilizan energía eléctrica para generar calor, aprovechando las diferencias térmicas entre el interior de la vivienda y el exterior o el subsuelo. Gracias a ello, no sólo aumenta la eficiencia de las instalaciones, sino que los hogares pueden prescindir de calderas que utilizan combustibles fósiles como gas o, en algunos casos, carbón, reduciendo así sus emisiones de CO_2. Empresas como Dandelion Energy se han convertido en lí-

96. <https://www.seia.org/news/united-states-surpasses-2-million-solar-installations>.

97. Kennedy, Brian, y Cary Lynne Thigpen, «More U.S. Homeowners Say They Are Considering Home Solar Panels», Pew Research Center, 17 de diciembre de 2019. Véase: <https://www.pewresearch.org/fact-tank/2019/12/17/more-u-s-homeowners-say-they-are-considering-home-solar-panels/>.

deres en este sector, imprescindible para reducir el CO_2 que emitimos para calentar nuestros hogares.

Otro sector con un enorme potencial es la rehabilitación energética de edificios. Una vivienda nueva consume hasta diez veces menos que otra construida en los años ochenta, gracias a los avances en aislamiento térmico y del resto de los equipamientos que determinan el rendimiento energético de los edificios. En muchos casos, se utilizan materiales con mejores propiedades térmicas, como las lanas minerales (de roca o de vidrio) o el poliestireno. En otros, simplemente se tienen en cuenta criterios energéticos en el diseño y el proceso de construcción de los edificios, con un impacto mínimo en los costes. La Comisión Europea ha estimado que más del 75 por ciento de los edificios europeos existentes son ineficientes energéticamente y que sus emisiones podrían reducirse a través de inversiones que normalmente se repagan en pocos años, a través de la reducción de la factura energética.[98]

La eficiencia energética es una actividad prioritaria no sólo para los hogares, sino también para muchas empresas, que buscan reducir costes y mejorar así su competitividad. Para Schneider Electric, el gigante francés, el 70 por ciento de sus ingresos provienen de proyectos de este tipo. Por ejemplo, recientemente rediseñaron en Finlandia un centro de distribución para Lidl, la cadena de supermercados, con paneles solares en los tejados de las naves industriales, una microrred eléctrica para abastecer al complejo y un sistema inteligente de monitorización del consumo en cada uno de los edificios. El sistema diseñado no sólo abastece el consumo de electricidad y calor de Lidl, sino que el excedente se utiliza para suministrar energía a quinientas viviendas de los alrededores. Tras su construcción, los costes energéticos de Lidl disminuyeron un 70 por ciento, y las emisiones de CO_2, un 40 por ciento.

98. <https://ec.europa.eu/info/news/focus-energy-efficiency-buildings-2020-feb-17_en#:~:text=Today%2C%20roughly%2075%25%20of%20the,energy%20used%20goes%20to%20waste.&text=Renovating%20existing%20buildings%20could%20reduce,dioxide%20emissions%20by%20about%205%25>.

Una de las derivadas más interesantes de estos cambios es que el liderazgo en muchas industrias puede cambiar rápidamente. China ha hecho una apuesta muy fuerte para situar a sus empresas en posiciones punteras en los nuevos sectores: en la actualidad, empresas chinas producen el 72 por ciento de los paneles solares mundiales, el 69 por ciento de las baterías de litio y el 45 por ciento de las turbinas eólicas. En lugar de un «petroestado», se ha señalado que China podría convertirse en un «electroestado».[99] En este caso, las compañías europeas han reaccionado con rapidez, y gigantes como Orsted, Enel o Iberdrola construyen campos solares y eólicos en todo el mundo, mientras las empresas de Estados Unidos, salvo las excepciones señaladas, tienen un ámbito de actuación más local, debido seguramente al efecto que ha tenido el fuerte crecimiento del petróleo y el gas no convencional en el mercado norteamericano.

¿Se puede ganar dinero incrementando los costes?

Las oportunidades de ganar dinero a través de actividades sostenibles son tantas y tan variadas que, en realidad, la pregunta más pertinente no es qué va a ocurrir con los ganadores, sino qué ocurrirá con los perdedores. Volvamos a la pregunta con la que abríamos el capítulo: ¿tiene sentido para una empresa cuya actividad se centra en el «viejo» modelo energético apostar por cambios profundos? ¿No es tanto como pegarse un tiro en el pie?

La realidad es que los caminos para ganar dinero se escriben con renglones torcidos. No siempre hay un camino directo, una única receta que conduzca al éxito. Podríamos pensar, por ejemplo, que una compañía aérea de bajo coste debe ahorrar en todos sus factores para ofrecer así un producto barato. Y tal vez sea una conclusión correcta si nos fijamos en compañías actuales como

99. *The Economist*, «The new energy order. Is it the end of the oil age? Power in the 21st century», *The Economist*, 19 de septiembre de 2020. Véase: <https://www.economist.com/leaders/2020/09/17/is-it-the-end-of-the-oil-age>.

Ryanair o Easyjet. Pero la primera compañía *low cost* de la industria aérea, la texana Southwest Airlines,[100] se caracterizaba precisamente por lo contrario: por pagar a sus empleados salarios más altos que la competencia. ¿Cómo ofrecía entonces un producto más barato? Southwest utilizaba algunas estrategias que resultan familiares, como volar a aeropuertos secundarios infrautilizados, cerca de áreas metropolitanas o mantener sólo rutas de media distancia, optimizando así el tamaño de las aeronaves y el consumo de combustible. Pero una de las claves del éxito de Southwest precisaba el compromiso de sus empleados, y la única manera de conseguirlo era pagar salarios más altos para atraer el mejor talento.

Para una compañía aérea, todo el tiempo que un avión pasa en tierra es tiempo malgastado. Los directivos de Southwest concluyeron que existía un amplio potencial de mejora para reducir el tiempo transcurrido entre cada aterrizaje y el siguiente despegue. Para ello establecieron protocolos muy detallados, que necesitaban la colaboración absoluta y coordinada del personal de la nave. Gracias a ellos, Southwest redujo al mínimo el tiempo entre el desembarco de un vuelo y el embarque del siguiente: en el 70 por ciento de los casos, los aviones estaban en tierra menos de quince minutos entre cada vuelo. Cada aeronave de Southwest estaba de media once horas volando, frente a un promedio en la industria de ocho horas.

En *Reimagining Capitalism in a World on Fire*, la profesora de Harvard Rebecca Henderson repasa otros ejemplos recientes de empresas que han tomado un camino diagonal para prosperar en sus negocios. Unilever, por ejemplo, propietaria de Lipton, la marca de té más popular del mundo, se comprometió unilateralmente a que todo el té que utiliza proceda de plantaciones certificadas como sostenibles. El impacto inmediato de esta medida fue incrementar los costes de la compañía en al menos un 5 por ciento. Al principio, esta decisión encontró muchas resistencias internas: el té es la segunda bebida en consumo mundial, sólo

100. Soutwest Airlines, «Case: HR-1A», Stanford Graduate School of Business.

por detrás del agua. Su venta es un negocio de márgenes muy bajos, y la reacción lógica era pensar que un incremento unilateral de los costes en un 5 por ciento podía dañar las ventas de Lipton de forma irreparable. Sin embargo, el resultado fue exactamente el contrario: al posicionarse como la primera marca de té «sostenible», Lipton dio un motivo a los consumidores para elegir su marca, aunque fuese pagando unos céntimos de más por cada bolsa. Las ventas se incrementaron en un volumen más que suficiente para compensar el aumento de los costes.

¿Podría ocurrir algo parecido con las empresas petroleras, de gas o de carbón? Como ya hemos visto, en parte ya está ocurriendo. Mientras Exxon ha redoblado su apuesta por la exploración y producción de petróleo, otras compañías como BP (que hizo famoso su eslogan hace años, «Beyond Petroleum») o la española Repsol se han comprometido a reducir su participación en el mercado de los combustibles fósiles, mientras se reorientan hacia sectores como las energías renovables.

Apostar a doble o nada en un sector en caída libre es a menudo el camino más corto para la ruina. «No intentes coger un cuchillo que se está cayendo» es una de las expresiones más populares en bolsa. La industria del tabaco constituye un ejemplo reciente: durante años, las compañías tabacaleras invirtieron miles de millones intentando sostener el precario argumento de que el tabaco no tenía efectos claros sobre la salud de los fumadores. Si hubiesen dedicado esos miles de millones a reorientar sus actividades, tal vez habrían sobrevivido mejor a la radical transformación de la industria. De forma parecida, se ha calculado que las principales compañías petroleras y gasistas han gastado más de 3.000 millones de dólares desde el año 2000[101] en labores de *lobby* para impedir la adopción de una legislación climática más estricta. Retrasar el reloj puede cambiar nuestra percepción del tiempo, pero ni va a cambiar la percepción de los

101. Holden, Emily, «How the Oil Industry Has Spent Billions to Control the Climate Change Conversation», *The Guardian*, 8 de enero de 2020. Véase: <https://www.theguardian.com/business/2020/jan/08/oil-companies-climate-crisis-pr-spending>.

demás ni, sobre todo, va a invertir la dirección en que se mueven las manijas.

La inversión responsable y los principios ESG

Hemos interiorizado hasta tal punto que las empresas deben guiar su actuación por la maximización del valor a sus accionistas, que prácticamente se nos ha olvidado que esta tesis es relativamente reciente. Milton Friedman, uno de sus principales valedores, la formuló así: «Hay una y sólo una responsabilidad social de las empresas: usar sus recursos y participar en aquellas actividades que les permitan incrementar sus beneficios».[102] El trabajo original de Friedman, publicado en *The New York Times*, ha sido denominado «el artículo crucial del capitalismo moderno».[103]

En él, Friedman defendía que todos los objetivos distintos a incrementar el valor de la acción, tales como «la creación de empleo, la eliminación de la discriminación o la reducción de la contaminación», no servían a los intereses de los propietarios de las empresas, los accionistas, sino que casi siempre constituían operaciones para lavar la imagen de los directivos o para hacer favores políticos.

En realidad, pocas empresas suscribirían hoy a pies juntillas los postulados de Friedman: algunas ya analizadas, como las compañías tabacaleras o ExxonMobil, a raíz del desastre del Exxon Valdez en 1989, o Nike y otros fabricantes de ropa en la década de los noventa tras desvelarse las condiciones laborales de sus proveedores han experimentado en sus propias carnes (y en su cotización en bolsa) qué puede ocurrir cuando se desatienden aspectos medioambientales, sociales o laborales. Perder dinero es tan in-

102. Henderson, Rebecca, *Reimagining Capitalism in a World on Fire*, PublicAffairs, Nueva York, 2020, p. 12.

103. González Férriz, Ramón, «El artículo crucial del capitalismo moderno cumple 50 años. ¿Qué hemos aprendido?», *El Confidencial*, 17 de diciembre de 2020. Véase: <https://blogs.elconfidencial.com/mundo/tribuna-internacional/2020-12-17/el-articulo-mas-imporante-del-capitalismo-moderno-cumple-50-anos-que-hemos-aprendido_2875264/>.

trincado como ganarlo: también existen muchas maneras de hacerlo.

Pero, más allá de que la reputación sea uno de los activos más importantes —y delicados— de una empresa, la tesis de Friedman ha terminado por imponerse en sus aspectos esenciales. La maximización del valor se ha convertido en la vara de medir de casi todo lo relacionado con la actividad de una empresa: el éxito se mide según cuál sea el valor de la compañía en bolsa (fue lo primero que se mencionó en este mismo capítulo al referirnos a Tesla, por ejemplo), los salarios de sus ejecutivos dependen de la evolución de la acción, los empleados son incentivados recibiendo parte de su salario en acciones y así un largo etcétera.

Muchas voces, sin embargo, defienden que centrarse exclusivamente en la maximización del valor constituye un enfoque demasiado pobre. Que es necesario tener miras más amplias. En primer lugar, porque al hacerlo las empresas pueden estar tentadas de maximizar sólo el valor a corto plazo, en detrimento de los beneficios en un horizonte medio y largo. Un ejemplo fue la crisis financiera de 2008: muchos bancos siguieron estrategias de crecimiento muy agresivas, que daban resultados en el cortísimo plazo, pero ponían en riesgo su viabilidad a más tiempo vista —algunos de ellos lo hicieron a sabiendas de que, en caso de venir mal dadas, serían rescatados, aunque ése es otro debate—. Entre nosotros, un ejemplo reciente es la compañía sevillana Abengoa, que a pesar de ser uno de los líderes mundiales en el sector de las renovables —especialmente en tecnología solar—, siguió una estrategia demasiado agresiva, sobreendeudándose, hasta poner en peligro la viabilidad de la compañía.

Una segunda forma de rebatir la tesis de Friedman, más amplia, es defender que el valor a los accionistas es sólo uno de los retornos que se derivan de la actividad de una empresa. La estrategia de Lipton de certificar el té no sólo es acertada porque resultó rentable, sino también porque es parte de su responsabilidad empresarial reducir el uso de pesticidas, proteger el medio ambiente y la salud y el bienestar de los agricultores. Por su parte, Southwest Airlines no sólo acertó al pagar más a sus empleados para mantener sus aviones más tiempo volando e incrementar así sus beneficios, sino porque uno de los retornos exigibles a una empresa es el bienestar de sus propios empleados. Es la tesis, por ejemplo, de Alex Edmans (otro de mis profesores favoritos en Wharton) en *Growing the Pie*, un convincente alegato a favor de un capitalismo de base más amplia.

Por este motivo, desde principios de la década de los ochenta, y como consecuencia de la presión de varias ONG, muchas empresas han adoptado las denominadas «métricas de ESG», que, por sus siglas en inglés, abarcan tres campos: ambiental («E», *environmental*), social («S», *social*) y de gobierno corporativo («G», *governance*). De esta forma, en sus informes anuales, las compañías no se limitan a dar información sobre sus estados financieros y su balance (las métricas que resumen el valor de una compañía), sino que incluyen medidas sobre el esfuerzo realizado para reducir sus niveles de contaminación y de emisiones de CO_2 —cuestiones como la gestión de residuos o el manejo del agua—, sobre la calidad del entorno de trabajo, midiendo el esfuerzo de la compañía en términos de diversidad o por preservar unas condiciones laborales mínimas en su cadena de valor, y finalmente aspectos de gobierno corporativo, abordando los diferentes conflictos de interés que pueden existir entre los accionistas y los administradores de una empresa, la estructura de los consejos, las remuneraciones de los directivos o los derechos de los accionistas.

A pesar de estos esfuerzos (los informes de ESG pueden ser prolijamente detallados), es innegable que no se puede medir el impacto social o medioambiental de una compañía de la misma manera matemática que el precio de una acción. Hasta los más escépticos con su tesis reconocemos que Friedman tenía parte de razón al señalar que esas «palabras de moda» podían conducir al «engaño o fraude». Que la vaporosidad de algunos objetivos puede hacer suficiente un poco de humo para cumplir con ellos. Como se dice en español, «quien mucho abarca poco aprieta».

Pero eso no significa que los informes de ESG puedan consistir en palabras huecas. En una histórica votación en 2017, varios accionistas de ExxonMobil reaccionaron contra lo que consideraban «meras vaguedades» y obligaron a la compañía a mejorar el contenido de sus informes ESG, exigiendo más precisión en sus compromisos medioambientales y en las acciones necesarias para cumplir con los Acuerdos de París.[104]

La compañía española AENA ha sido pionera a nivel mundial en permitir que sus accionistas voten de forma separada sus cuentas no financieras y su informe anual de sostenibilidad. Hasta ahora, ambos informes se votaban conjuntamente, lo que dificultaba que los accionistas pudiesen exigir más ambición en los compromisos medioambientales. Según el presidente de AENA, Maurici Lucena, «No existe ningún *trade-off* entre la protección del clima y la rentabilidad financiera».[105] Previsiblemente, muchas otras empresas seguirán el camino de AENA en los próximos años, lo que dará a los accionistas un poderoso instrumento para exigir a los administradores compromisos más ambiciosos en la lucha contra el cambio climático. Como veremos al final de este capítulo, junto al CEO (consejero delegado) y el CFO (director financiero), uno de los puestos más relevantes dentro de las compañías será el de CGO (*Chief Green Officer*), el encargado de formular e implementar la estrategia de mitigación y adaptación al cambio climático.

Tanto en el ejemplo de ExxonMobil como en el más reciente de AENA, tuvieron un papel muy destacado un tipo muy particular de accionistas: los grandes fondos de inversión. Su peculiar naturaleza aconseja detenernos brevemente en ellos.

De BlackRock a Mubadala: ¿los fondos de inversión al rescate climático?

Como todos los años, a principios de 2020, Larry Fink, CEO de BlackRock, uno de los mayores gestores de activos a nivel mun-

104. Mufson, Steven, «Financial Firms Lead Shareholder Rebellion Against ExxonMobil Climate Change Policies», *The Washington Post*, 31 de mayo de 2017. Véase: <https://www.washingtonpost.com/news/energy-environment/wp/2017/05/31/exxonmobil-is-trying-to-fend-off-a-shareholder-rebellion-over-climate-change/>.

105. <https://www.ft.com/content/07e4aa70-a99e-40ea-9b66-2eac47ade0d6>.

dial (gestiona cerca de 8.000 billones de dólares, el equivalente a siete veces el PIB español), publicaba una carta abierta a todos los inversores:[106] «A lo largo de mis cuarenta años de carrera en finanzas, he sido testigo de un largo número de crisis y retos, como la inflación de los años setenta y principios de los ochenta, la crisis asiática de 1997, las "puntocom" o la crisis financiera global. Aunque muchas de estas crisis se prolongaron varios años, miradas con perspectiva tenían una naturaleza temporal. El cambio climático es diferente. Incluso si sólo una pequeña parte del impacto previsto se materializa, nos encontramos ante una crisis mucho más estructural y de largo plazo. Las empresas, los inversores y los Gobiernos deben prepararse para una significativa reasignación del capital».

El aviso de Larry Fink era claro e iba al corazón de los inversores, donde más les duele: «reasignación del capital» significa que el dinero se va a mover. Que va a cambiar unos sectores por otros. Y que lo va a hacer en una magnitud nunca vista. El cambio climático es real, y la preocupación por sus consecuencias no responde a una campaña de *marketing* de inversores y líderes empresariales, como piensan los más cínicos. Vienen curvas. En la misma carta, la propia BlackRock anunciaba que dejaría de invertir en compañías con intereses en el sector del carbón, y tomaba una serie de medidas concretas para mejorar la información que ofrecen sus participadas sobre la exposición a los riesgos climáticos y las medidas adoptadas para gestionarlos.

Demostrando que no era una preocupación pasajera, un año después —y una pandemia mediante—, Larry Fink insistía en el mismo mensaje en su carta anual de 2021: «La creencia generalizada era que la crisis sanitaria desviaría la atención del cambio climático. La realidad ha sido la contraria. La reasignación de capital está siendo más rápida de lo que esperábamos».[107]

BlackRock, Vanguard y State Street son los tres principales

106. <https://www.blackrock.com/corporate/investor-relations/2020-larry-fink-ceo-letter> (carta 2020).

107. <https://www.blackrock.com/corporate/investor-relations/larry-fink-ceo-letter> (carta 2021).

fondos de inversión mundiales. Entre ellos gestionan un volumen de activos cercano a los 20 billones de dólares, es decir, el equivalente al PIB de Estados Unidos. Dado su tamaño, siguen una estrategia de inversión «pasiva»: es decir, no se dedican a invertir y desinvertir en compañías concretas (por su tamaño tendrían que adquirir esas compañías por completo), sino que intentan replicar con sus inversiones la evolución de los índices agregados, como el S&P 500.

Una de las características de estos fondos es que, precisamente por su tamaño, tienen dificultades para diversificar determinados riesgos. Veámoslo con un ejemplo. Supongamos que creemos que durante los próximos años el turismo internacional se verá afectado por las consecuencias de la COVID-19. Por ello, decidimos invertir en sectores inversamente relacionados con el turismo, como empresas de construcción (cuando no se van de vacaciones, muchas personas aprovechan para hacer reformas en casa) o aquellos con una presencia importante en el mercado doméstico (el grupo mexicano Zena Alsea, por ejemplo, es propietario de cadenas de restaurante como Vips, Foster's Hollywood o Cañas y Tapas) o, en lugar de invertir en bolsa, tal vez sea el momento de adquirir una vivienda en la costa y alquilarla a turistas nacionales, si creemos que el turismo nacional va a crecer en detrimento del extranjero (aunque ya conocemos los riesgos de las viviendas en la costa, como vimos en el capítulo anterior).

El problema del cambio climático es que es un riesgo no diversificable, especialmente para fondos del tamaño de BlackRock, Vanguard y State Street. Para mantener su estrategia pasiva, que tan buenos resultados les ha dado, no pueden excluir sectores enteros de actividad de sus inversiones. El anuncio de BlackRock de dejar de invertir en empresas productoras de carbón es sólo una excepción. Si dejase de invertir en empresas petroleras, por ejemplo, o de transporte, limitándose a invertir en sectores «limpios», le resultaría imposible replicar el comportamiento de los índices bursátiles. En la práctica estaría abandonando su estrategia «pasiva» por otra «activa».

Es por ello que, como ha indicado Rebecca Henderson, los fondos de inversión globales sólo pueden dirigir sus esfuerzos en otra dirección: mejorar la sostenibilidad de la actividad empresarial en su conjunto. Estos fondos, por su tamaño sistémico, están genuinamente comprometidos a amortiguar las consecuencias del cambio climático, porque no pueden huir de ellas. Como no pueden diversificar el riesgo climático, sólo pueden intentar frenarlo.

Climate Action 100+ es un ejemplo de esta capacidad de influencia: algunos de los principales inversores (entre ellos, BlackRock) han adoptado un plan conjunto que persigue que las cien compañías más grandes por su volumen de emisiones de CO_2 adopten medidas más ambiciosas en la lucha contra el cambio climático, y para ello deberán mejorar los mecanismos de gobernanza, adoptar objetivos de reducción de emisiones y fortalecer la transparencia sobre sus riesgos climáticos.

Otro de los firmantes de la iniciativa Climate Action 100+ es TCI Fund Management, fundada por sir Chris Hohn, que, con alrededor de un 4 por ciento de la compañía AENA, ha sido uno de los principales impulsores de la medida adoptada por la compañía española para permitir la votación independiente de su plan de sostenibilidad, y para ello han recurrido a medidas de presión de diverso tipo: desde expresar sus opiniones en los consejos de administración hasta enviar cartas a la vicepresidenta española y ministra de Transición Ecológica, exigiendo mayor ambición en los planes climáticos de AENA.[108]

La mayor parte de estos fondos de inversión se pueden catalogar como «fondos de pensiones»: sus inversores les confían sus ahorros porque esperan recuperar su dinero, con rendimiento, cuando llegue el momento de su jubilación. Una de las razones del éxito de las estrategias pasivas es precisamente el envejecimiento de la población y el alargamiento de la esperanza de vida. Como creemos que vamos a vivir más años una vez alcanzada la edad de jubilación, pero tenemos dudas sobre la capacidad de los sistemas públicos de pensiones para satisfacer una jubilación a la altura de nuestras expectativas, destinamos un volumen mayor de ahorro para cubrir estas demandas futuras.

108. <https://www.tcifund.com/Files/esg/Aena%20AGM%20-%20Letter%20to%20Spanish%20Environment%20Minister.pdf>.

Entre los fondos de inversión, el otro tipo más común son los fondos soberanos, que gestionan aproximadamente un tercio del capital pasivo, unos ocho billones de dólares. El más grande, con activos por encima del billón de dólares, es el fondo soberano de Noruega, creado precisamente para gestionar los ingresos procedentes de las reservas de petróleo y gas descubiertas en el mar del Norte. El fondo, cuyos activos representan unos 200.000 dólares por cada noruego, se constituyó con dos objetivos. Por un lado, evitar lo que los economistas llaman la «enfermedad holandesa». El nombre proviene de la experiencia sufrida por los vecinos neerlandeses con las mismas reservas del mar del Norte, apenas unos años antes. Tras su descubrimiento, el florín neerlandés se apreció considerablemente, tras el flujo de capitales que llegó a los Países Bajos procedente de otros países. La apreciación de la moneda perjudicó las exportaciones neerlandesas en sectores no petroleros y reorientó gran parte de la actividad industrial del país hacia el petróleo. Es decir, esta enfermedad predice que, después de un descubrimiento inesperado de reservas, dejada a su albur, una economía se hará cada vez más dependiente de las actividades vinculadas al petróleo.

La segunda razón que llevó a los noruegos a crear su fondo soberano nos resulta familiar, ya que la abordamos en el capítulo 1: la solidaridad con las generaciones futuras. Las reservas del mar del Norte son finitas, seguramente se agotarán en los próximos años. ¿No deberían los noruegos de futuras generaciones disfrutar también de esta «riqueza» sobrevenida? El fondo noruego es un caso de éxito: además de evitar la enfermedad holandesa, ha preservado la riqueza petrolera para futuras generaciones, ya que es propietario de alrededor de un 2,5 por ciento de todas las acciones de compañías europeas cotizadas (1,5 por ciento de todas las acciones mundiales). A través de sus retornos, el fondo financia alrededor del 25 por ciento del presupuesto anual de Noruega.[109] En julio de 2019, el Parlamento noruego, que regula las normas de inversión, obligó al fondo a dejar de

109. <https://www.ft.com/content/e10bfa3f-26ae-4ddf-96b1-f640ad30786e>.

invertir en sectores como el carbón o la extracción de combustibles fósiles. Como en el caso de BlackRock, sin embargo, el fondo noruego tiene dificultades para avanzar mucho más por este camino, el de excluir sectores o empresas de su universo de inversión, si quiere mantener una estrategia pasiva. Por ese motivo, está apostando también por influir más activamente en los compromisos climáticos de las empresas en las que participa.[110]

Otro ejemplo de fondo soberano es el de Abu Dabi, que gestiona activos por encima de 800.000 millones de dólares. Como ha declarado el príncipe heredero del emirato árabe, el objetivo del mismo es que cuando «en cincuenta años extraigamos el último barril de petróleo, no tengamos motivos para derramar ninguna lágrima».[111] Mubadala, un segundo fondo soberano del emirato con más de 200.000 millones de dólares, fue creado específicamente para promover soluciones energéticas más allá del petróleo y el gas natural. Hace apenas dos décadas, casi el 95 por ciento del PIB de Abu Dabi procedía del petróleo, porcentaje que en la actualidad ha disminuido hasta el 60 por ciento.

Como hemos visto, los accionistas de una empresa pueden tener una influencia muy elevada sobre su gestión y su grado de ambición climática. ¿Pueden influir también los acreedores? Desde luego. Los denominados «bonos verdes» han irrumpido con fuerza en los mercados de renta fija. Son las «estrellas de las finanzas sostenibles»,[112] con cerca de 270.000 millones de dólares de emisiones en 2019, todavía un porcentaje mínimo en las

110. Fouche, Gwladys, «Norway Wealth Fund to Test Business Model of Biggest CO_2 Emitters», *Reuters*, 3 de septiembre de 2020. Véase: <https://www.reuters.com/article/us-norway-swf/norway-wealth-fund-to-test-business-model-of-biggest-co2-emitters-idUSKBN25U1MN>.

111. *The National*, «Sheikh Mohammed bin Zayed's Inspirational Vision for a Post-Oil UAE», *The National*, 10 de febrero de 2015. Véase: <https://www.thenationalnews.com/opinion/sheikh-mohammed-bin-zayed-s-inspirational-vision-for-a-post-oil-uae-1.8710>.

112. *The Economist*, «Do Green Bonds Actually Reduce Carbon Emissions?», *The Economist*, 17 de septiembre de 2020. Véase: <https://www.economist.com/graphic-detail/2020/09/17/do-green-bonds-actually-reduce-carbon-emissions>.

emisiones totales de bonos, pero cuyo crecimiento en los últimos años está siendo espectacular. El Banco Santander, una de las entidades financieras más grandes del mundo, se ha comprometido a alcanzar la neutralidad climática, no sólo en sus propias actividades, sino también en las de sus clientes. Como ha declarado su presidenta ejecutiva, Ana Patricia Botín, el objetivo es doble: «Gestionar los riesgos que genera el cambio climático y, además, saber aprovechar las oportunidades de esta revolución verde».[113]

La pregunta es inevitable: si accionistas, acreedores y reguladores están presionando a las empresas para incrementar la ambición de sus planes climáticos, ¿qué es lo que falla?, ¿por qué todavía algunas arrastran los pies para considerar el cambio climático de forma integral en sus planes de negocio?

Reimaginar las empresas por dentro

Tim Harford ha contado una deliciosa historia militar que resume un dilema al que se enfrentan muchas empresas.[114] En 1917, durante la primera guerra mundial, un oficial del ejército británico, J. F. C. Fuller, propuso una fórmula radical para utilizar los tanques, un vehículo nuevo durante aquella contienda: aprovechando que el modelo desarrollado por su ejército, el Medium D, tenía autonomía para recorrer más de trescientos kilómetros a una velocidad superior a los treinta kilómetros por hora, Fuller propuso utilizar los tanques para romper las líneas alemanas y atacar su retaguardia a través de ataques relámpago. Es decir, Fuller propuso a grandes rasgos la misma táctica que con tanto éxito utilizaría el ejército alemán dos décadas más tarde, durante la segunda guerra mundial (*Blitzkrieg*). La propuesta de Fuller,

113. <https://www.santander.com/es/stories/nuestro-camino-hacia-net-zero-ser-neutros-en-co2>.

114. Harford, Tim, «Why Big Companies Squander Good Ideas», *Finacial Times*, 5 de septiembre de 2018. Véase: <https://www.ft.com/content/3c1ab748-b09b-11e8-8d14-6f049d06439c>.

conocida como Plan 1919, quedó olvidada en un cajón y el ejército británico nunca la llevaría a la práctica. ¿Por qué ocurrió así?

Los ejércitos del siglo XIX estaban organizados a grandes rasgos en dos grupos: caballería e infantería. La caballería se caracterizaba por su movilidad y se utilizaba para atacar. La infantería, por su fortaleza, por lo que tenía un papel defensivo.

Durante la primera guerra mundial, aparecieron cuatro grandes innovaciones tecnológicas. Por un lado, las trincheras alambradas y las armas automáticas (rifles o ametralladoras). Como instrumentos defensivos, encajaban sin problema en el papel tradicional de la infantería. La tercera innovación fue el perfeccionamiento de la artillería, como los denominados «cañones de París», armas ofensivas que también se asimilaban sin dificultades a la caballería. La cuarta innovación fueron precisamente los tanques: ¿dónde se encuadraban mejor, en la infantería o en la caballería? Eran vehículos pesados que podían servir para defender, pero también tenían la movilidad suficiente para atacar las líneas enemigas. La discusión no era meramente conceptual: según bajo qué mando estuviesen, los tanques se podían utilizar para una cosa o para otra, para atacar o para defender. Para utilizarlos con ambos fines, como proponía Fuller, era necesario cambiar la tradicional organización del ejército. Crear una tercera categoría que no fuese ni infantería ni caballería. El ejército británico no fue capaz de reorganizarse y desaprovechó todo el potencial que podría haber extraído de los tanques técnicamente más avanzados en aquel momento, como los alemanes se encargarían de demostrar años después.

El ejemplo de Harford pone de manifiesto una realidad contra la que se estrellan muchas empresas cada día. En muchas ocasiones, no existe un problema con el producto (recordemos: ¡Kodak había desarrollado la cámara digital!) ni tampoco con la demanda (los consumidores querían seguir haciendo fotos, de hecho, más que nunca); a veces los problemas empresariales son puramente organizativos. ¿Cómo esperar que la división de consumibles de Kodak, hasta entonces la más importante de la empresa, reconociese que para sobrevivir en el nuevo entorno competitivo debía desaparecer? ¿Cómo iba a aprovechar el ejército británico todo el potencial de los tanques manteniendo su estructura organizativa tradicional?

Después de la caída de Lehman Brothers y la crisis financiera de 2008, que obligó al rescate de muchas entidades, los bancos, presionados por los reguladores que los habían rescatado y por sus accionistas, que habían perdido gran parte del valor de sus inversiones, decidieron repensar de arriba abajo sus estructuras organizativas. El objetivo último era mejorar la gestión del riesgo: la crisis se había originado porque muchos bancos se embarcaron en actividades como la concesión de hipotecas *subprime* sin valorar adecuadamente el riesgo subyacente en ellas.

En 2015, el Departamento del Tesoro de Estados Unidos, con la ayuda de una famosa consultora, formuló una serie de recomendaciones sobre la organización interna de los bancos, que a partir de entonces se ha convertido en el modelo de referencia: inspirada en el fútbol americano, la nueva estructura organizativa se conoce como las «tres líneas de defensa».

La idea fundamental es que la gestión del riesgo no atañe a un solo departamento dentro de los bancos (como ocurría en el pasado), sino a todos los equipos. Como ocurre en el fútbol americano, donde todos los jugadores tienen que defender con independencia de en qué línea se ubiquen. Si lo trasladásemos al fútbol europeo, la fórmula implica que incluso los delanteros tienen que presionar a sus rivales a la hora de defender, algo que de hecho ya practican la mayoría de los equipos.

El modelo de las tres líneas de defensa tiene muchos detalles. Uno de ellos es que el máximo órgano de gobierno de los bancos debe tener la formación necesaria para garantizar una prudente gestión de los riesgos. Muchos bancos, siguiendo estas recomendaciones, han creado la figura del *Chief Risk Officer* (CRO) y lo han situado en el máximo nivel de gestión.

La gestión del riesgo para las entidades financieras guarda muchas semejanzas con el cambio climático. Como el riesgo financiero, el climático es sistémico y puede comprometer la viabilidad de las empresas más vulnerables. Una segunda semejanza es que ambos pueden acumularse de manera inadvertida: de la misma forma que muchos bancos no eran conscientes de cuánto riesgo tenían determinados productos o subsectores, la mayoría de las empresas desconoce cuántos de sus activos están expuestos a un deterioro súbito de las condiciones climáticas del planeta.

La tercera semejanza es que la única manera efectiva de responder a ambos riesgos, tanto los financieros como los climáticos, es a través de una respuesta global de las organizaciones. Ya hemos mencionado que TCI Fund Management exigió más ambición en los planes climáticos de AENA.[115] En la carta donde detalla sus propuestas, formula recomendaciones como «establecer objetivos anuales de reducción de emisiones en el plazo de uno, dos y tres años, y detallar cómo alcanzar estos objetivos». Con independencia de si esta propuesta es o no realista (en la carta no se indica cuáles deben ser los objetivos de reducción, sino simplemente que deben establecerse), lo que parece evidente es que su implementación no atañe sólo a una parte de la organización de AENA (como hasta ahora sucedía con la elaboración de los informes ESG), sino a la compañía en su conjunto.

Las organizaciones empresariales deberán adaptarse en los próximos años para gestionar las consecuencias del cambio climático, especialmente en aquellos sectores más expuestos, como el energético o el transporte, y en aquellos otros transversales, como el financiero o los fondos de inversión. El modelo de las tres líneas de defensa es un buen punto de partida, porque todas las decisiones de estas empresas estarán condicionadas por la gestión de los efectos climáticos: desde las decisiones comerciales (¿incremento mis costes como Lipton para mejorar mi sostenibilidad?, ¿diferencio el precio que cobro a mis clientes según su compromiso climático?) hasta las de inversión (¿cuánto invierto en reducir mi propio impacto?, ¿hacia qué sectores diversifico mi actividad?, ¿qué retorno exijo a estas inversiones?) o las financieras (¿emito bonos verdes?, ¿priorizo a las entidades financieras con un alto compromiso de sostenibilidad?). De igual modo, la figura del CGO, todavía inexistente en muchas empre-

115. <https://www.tcifund.com/Files/esg/Aena%20AGM%20-%20Letter%20to%20Spanish%20Environment%20Minister.pdf>.

sas, no sólo debe crease, sino también elevarse al máximo nivel de responsabilidad, para que resulte creíble el compromiso de la compañía en el diseño e implementación de las estrategias de mitigación y adaptación al cambio climático.

Para terminar

Las empresas de los próximos años se parecerán muy poco a las que conocemos en la actualidad. En primer lugar, habrá empresas nuevas, que hoy no existen, y otras que parecían inmortales habrán desaparecido. Un estudio de la consultora McKinsey ha señalado que la vida media de las empresas que formaban parte del índice S&P 500 a finales de los cincuenta era de sesenta y un años, mientras en la actualidad es de apenas dieciocho.[116] Más del 75 por ciento de las empresas que componen el índice a día de hoy podrían desaparecer antes del final de la presente década.

Pero incluso las empresas que sobrevivan serán muy distintas. Cambiarán por fuera, algunas se dedicarán a negocios completamente distintos a los actuales: en lugar de ofrecer electricidad, venderán ahorro energético, o en vez de petróleo, venderán energía procedente del Sol. Al mismo tiempo, las empresas cambiarán por dentro: su diseño organizativo deberá adaptarse a la nueva realidad. Muchas empresas encontrarán dentro de su propia organización la clave a los desafíos del futuro, aunque hasta ahora les haya pasado inadvertida. Era el caso de Kodak, que había desarrollado la cámara digital, o de Xerox, una de cuyas divisiones desarrolló un prototipo de ordenador personal que la compañía nunca comercializaría. Otras, en cambio, tendrán que

116. Hillenbrand, Philipp; Dieter Kiewell; Rory Miller-Cheevers; Ivan Ostojic, y Gisa Springer, «Traditional Company, New Businesses: The Pairing That Can Ensure an Incumbent's Survival», McKinsey and Company, 2019. Véase: <https://www.mckinsey.com/~/media/McKinsey/Industries/Electric%20Power%20and%20Natural%20Gas/Our%20Insights/Traditional%20company%20new%20businesses%20The%20pairing%20that%20can%20ensure%20an%20incumbents%20survival/Traditional-company-new-businesses-VF.ashx>.

mirar fuera y transformarse casi por completo: Apple, por ejemplo, ha sido varias compañías distintas a lo largo de su historia. Para estas últimas, la urgencia para reaccionar es incluso más perentoria. Si el reloj climático se mueve para todos, para las empresas las manijas avanzan todavía más deprisa: o reaccionan antes que el resto, o corren el riesgo de que nunca lleguen a contarlo. El canibalismo empresarial que dibujó Schumpeter al hablar de la «destrucción creativa» es desaprensivo. Si las innovaciones disruptivas de las últimas décadas han sido vertiginosas, pronto nos parecerán hasta plácidas. Porque vienen baches mucho más súbitos y más violentos. Nos encontramos como un conductor en una curva cerrada: es imposible saber lo que hay al final de la curva, porque no lo vemos; pero, al mismo tiempo, necesitamos adivinarlo para poder salir de ella.

4

Las ciudades

Ya no me encontraron.
¿No me encontraron?
No. No me encontraron.

FEDERICO GARCÍA LORCA,
Poeta en Nueva York

Madrid, 28 de noviembre de 2025 (10.15 a. m.)

Adib empezó a bajar las escaleras inseguro. Los escalones eran demasiado altos. Nadie había pensado en alguien como él al construirlos, en que una persona de más de setenta años tendría que bajarlos y subirlos varias veces al día. No es que fuese incapaz. Había vivido casi toda su vida subiendo y bajando montañas, a través de caminos mucho más escarpados. Hasta que su hijo se empeñó en llevarlo a España. Maldito el día. Todavía no se explicaba cómo lo había hecho. Cuánto dinero le habría costado, cuántas voluntades compradas y cuántos obstáculos sorteados. Todo sin preguntarle una sola vez. No es que no le gustase España. El idioma era lo más difícil. Las costumbres, en cambio, no le resultaban extrañas, al contrario, algunas incluso resultaban familiares. Pero no era eso. No tardaría mucho en irse, la mayoría de sus amigos ya lo habían hecho. Su mujer se fue mucho antes. Y uno debe morirse en su tierra. Donde tenga alguien, al menos, que le acompañe en la despedida. Que le vele no ya una noche, sino un rato. No pedía más. Que se reúnan un puñado de familiares y amigos, y compartan una última ronda de recuerdos. En España sólo tenía a su hijo y su nuera, que ni siquiera eran de allí. Sus amigos eran todos de nuevo cuño, Adib no compartía ningún lazo con ellos, ningún recuerdo infantil, no era para ellos más que una sombra invisible en el piso de arriba, una preocupación que les habían mencionado de paso. La única otra persona que Adib conocía en España era su nieto Rodrigo, y como mucho alguna novia que éste se traía a casa con la excusa de estudiar juntos. Había una que le gustaba, siempre saludaba con una sonrisa y esperaba paciente su respuesta. No como su nieto, con el que apenas conseguía intercambiar un par de frases, siempre parecía que lo llevaba el diablo. Una pena que no siempre repitiese con la misma novia. Aunque eso Adib no lo tenía tan claro. A veces la memoria le jugaba malas pasadas. Por eso apenas le dejaban salir de casa. No sólo vivía en un país extranjero, sino que además estaba encerrado. Quién quiere despedirse así. Pero él aprovechaba sus oportunidades. Cuando Rodrigo no iba al instituto, su nuera salía de casa para no molestarlo. Ése era su momento, el de Adib, que aprovechaba para escaparse. Su nieto no sería muy hablador, pero al menos lo respetaba. Tampoco siempre, a veces lo había visto fisgoneando sus libros. Pero desde luego más que sus padres. Ésa era la peor parte de vivir con ellos. La falta de privacidad. Le hacían sentir como un niño, como si le hubiesen robado su condición de adulto. Que sí, lo habían sacado de un país en guerra y lo habían acogido en su casa. Le dieron lecho y cobijo. Pero él no lo había pedido. Y aunque lo hubiese hecho: ¿no podían guardar un mínimo de respeto hacia alguien que tenía más edad que ellos dos juntos? Ni bañarse solo podía. Siempre pendientes de su vestimenta, hasta de su ropa interior. Que si se había cambiado, que si olía. Al diablo con todos ellos.

Rodrigo estaba sentado en el ordenador. Menuda manera de

estudiar aquélla. Adib nunca había ido al colegio, le enseñó a leer su propia madre. Eso sí le había gustado siempre. Leer. Con esta manera de ahora de estudiar, podría haber ido a una universidad extranjera sin moverse de Siria. «Desde Sasa, estudiando en Harvard», se imaginaba. Habría bastado saber leer. Bueno, y usar un ordenador. Y electricidad. E internet. Quién sabe. Igual no habría sido tan fácil.

En el último escalón se detuvo un instante para coger aire, comprobó que Rodrigo estaba ocupado y no sería un obstáculo infranqueable —nunca lo era—, agarró un paraguas —ahora siempre llovía, podía hacerlo a cualquier hora, sin ninguna señal que lo anunciase— y salió al exterior. La luz del sol le hizo cerrar los ojos. Sonrió al notar el reflejo en sus mejillas. Aquélla era la libertad que tanto añoraba. Se abrochó el abrigo. Para qué. Ya nunca hacía frío. En realidad, pensó, a veces se quejaba por vicio. Nunca había pensado en vivir más de setenta años, apenas conocía a un par de personas en Sasa que hubiesen superado esa edad. Estaba bien alimentado, a buen abrigo, y aunque vivía aislado en aquella casa, su nieto le había abierto una cuenta en Facebook y lo había apuntado a varios clubes de lectura. Con eso le bastaba. Tenía varios amigos «virtuales», como se decía ahora. Y amigas. Con alguna incluso se carteaba a la antigua usanza. Su historia personal era suficientemente exótica para resultar atractiva. Y siempre había tenido facilidad para adornarla, utilizaba los silencios para sacar brillo a los poros del relato. Se detuvo con cuidado en el paso de cebra. Ahora pasaban muchos menos coches que cuando llegó a Madrid, hacía ya diez años. El problema era que ya no se oían. Y no era cosa suya, de su sordera, apenas incipiente. Una amiga virtual le había dicho que ocurría lo mismo en todas partes. Los coches modernos no hacían ruido. «El rugido de los motores —le había escrito— es como los cedros de Siria, que ya no existen.» Para alguien con los reflejos un poco lentos (¿quién no los tiene con setenta años?), los coches se habían convertido en armas silenciosas. Y las bicicletas. Y los patinetes. Ahora todo era eléctrico, siempre el mismo zumbido de fondo. Había que andarse con cuatro ojos.

Pasada la excitación inicial, salir a la calle siempre terminaba siendo una pequeña decepción. El entorno era agradable. Muchas zonas verdes y espacios para caminar. Pero todo estaba lleno de carriles bici. Las señales en el suelo eran como un mapa del tesoro. Y ya no existían los comercios, no había sitios donde ir. Los repartidores habían sustituido a las antiguas librerías, zapaterías, tiendas de ropa, hasta a los supermercados. Sólo se podía pasear sin rumbo. A la francesa. Como nunca haría un estadounidense, ellos siempre se dirigen a algún sitio. En eso se parecían a su hijo y su nieto, siempre con el rumbo fijo. Salvo en Filadelfia. Leyó una vez que esa ciudad tiene la forma de la «ausencia, de la pérdida, de los espacios entre medias». Como un relato corto de Chéjov, donde lo que más importa es lo que no se cuenta.

Adib disfrutaba paseando de aquella forma, sin destino, mirando fijamente a los demás transeúntes, muchos terminaban acelerando el paso, ninguno le aguantaba la mirada más de diez segundos. Desde que su hijo le dio a leer *Tu rostro mañana*, nada más llegar a España («Tienes que aprender de los mejores profesores», le dijo) se veía a sí mismo como una especie de Jaime Deza. Jugaba a adivinar los secretos de los desconocidos, adónde iban, de dónde venían, con qué oscuro objeto. Era capaz, pensaba, de adivinar el «rostro mañana» de aquellos con quienes se cruzaba, por ese motivo se dedicaba a observarlos. Una afición inofensiva. No entendía por qué parecían asustarse. Adib llegó a un cruce y, al alzar la vista —cuando no miraba rostros ajenos, siempre estaba pendiente del suelo—, se dio cuenta de que estaba entre dos calles desconocidas. Sintió miedo, soledad, vacío. Como Lorca en Nueva York, «asesinado por el cielo». «No puede ser. Otra vez lo mismo», maldijo Adib. «Si es que es imposible no perderse. Ahora todas las calles son iguales.»

Las ciudades han sufrido una transformación casi completa en los dos últimos siglos. En el año 1800, apenas el 5 por ciento de la población mundial vivía en una ciudad. En la actualidad, este porcentaje alcanza el 50 por ciento, y se estima que hacia 2050 supere el 70 por ciento.[117] Nos hemos convertido en una especie predominantemente urbana: en *Homo urbanus*.

No sólo se ha incrementado el número de ciudades, sino también su tamaño. En el año 1800, Londres contaba con apenas un millón de habitantes, en 1850 dos millones, en 1900 más de seis y en la actualidad supera los 8 millones. La velocidad de este fenómeno global de urbanización está lejos de tomarse un respiro: en apenas dos años, entre 2011 y 2013, China consumió más cemento que Estados Unidos a lo largo de todo el siglo xx. Con todo, el espacio ocupado por las ciudades sigue siendo mínimo: apenas el 0,5 por ciento de la superficie terrestre está cubierto por pavimento o edificios.[118]

117. Wilson, Ben, *Metropolis: A History of the City, Humankind's Greatest Invention*, Doubleday, Nueva York, 2020.

118. Rich, Nathaniel, *Losing Earth: A Recent History*, Farrar, Straus and Giroux, Nueva York, 2019. Versión castellana de Victoria Pradilla Canet, *Perdiendo la Tierra. La década en que podríamos haber detenido el cambio climático*, Capitán Swing, Madrid, 2020.

En este capítulo utilizaremos una técnica ya familiar: la mirada retrospectiva como guía para proyectar el futuro. Será, como en la película *Regreso al futuro*, un viaje de ida y vuelta al pasado, con dos actores protagonistas, dos descubrimientos decisivos en la configuración de las ciudades modernas: la electricidad y el petróleo, o, lo que es lo mismo, la iluminación y el transporte.

De alumbrar las calles a iluminar los hogares

La iluminación, la generación de luz artificial, ha constituido una aspiración humana desde etapas primitivas. No debería extrañarnos: en términos antropológicos, significa doblarle el pulso al ciclo natural de la luz solar, que nos obliga a adaptar nuestros hábitos al ritmo que marcan la sucesión del día y la noche. Un logro extraordinario para la especie humana.

Sin embargo, la tecnología empleada para «fabricar» la luz artificial apenas cambió durante mucho tiempo: las lámparas de principios del siglo XVIII no eran muy diferentes de las antorchas utilizadas por los hombres prehistóricos, que empleaban materiales como la grasa de ballena, el papel de arroz o el aceite de colza. Dos historiadores económicos, Roger Fouquet y Peter Pearson,[119] han señalado que el coste por unidad de iluminación se mantuvo aproximadamente constante hasta el año 1800.

Como ha sucedido repetidamente en la historia, se trataba de un problema endógeno: la tecnología de la iluminación no avanzaba porque no había demanda que la impulsase; a su vez, sin cambios tecnológicos, no surgían nuevas necesidades que cubrir. Los problemas circulares los suele romper un visitante externo. En nuestro caso sería la invención de la máquina de vapor a comienzos de la denominada primera revolución industrial, a finales del siglo XVIII. A raíz de ella, la población empezó

119. Fouquet, Roger, y Peter Pearson, «Long Run Demand for Lighting: Elasticities and Rebound Effects in Different Phases of Economic Development», *Economics of Energy and Environmental Policy*, 1, 1 (2012), pp. 83-100.

a crecer vertiginosamente, sobre todo en las ciudades, que se convirtieron en grandes aglomeraciones dickensianas, con nuevas necesidades que atender. Una de las más básicas consistía en iluminar suficientemente las calles, para facilitar el tránsito cuando se apagaba la luz solar y garantizar la seguridad de los habitantes.

A principios de siglo, un empleado de Boulton & Watt, una empresa de Birmingham pionera en la utilización de la máquina de vapor, desarrolló una técnica consistente en la gasificación del carbón en hornos, su purificación extrayendo el sulfuro, el amoniaco y otros hidrocarburos pesados, y su posterior almacenamiento y distribución. La luz de gas era muy superior en sus prestaciones lumínicas a las velas o el aceite utilizados hasta entonces, más agradable —no desprendía el olor a cera o sebo quemado— y también más segura. El desarrollo de la luz de gas transformó el modo de vida en las ciudades: las jornadas en las fábricas se alargaron, y cuando acababan, los trabajadores compartían unas cervezas en los florecientes pubs. El trabajador llegaba a casa ya de noche, lo que abrió un nuevo mercado para la luz de gas: la iluminación doméstica. Muy pronto, la iluminación se convirtió en el principal consumidor de carbón en el Reino Unido.

El competidor de la luz de gas era entonces la lámpara de aceite, que también evolucionó durante aquellos años. Un químico suizo, Aime Argand, desarrolló un prototipo, conocido como quinqué o lámpara de Argand, con forma cilíndrica y una abertura en el fondo para renovar el oxígeno. La chimenea de cristal protegía de las llamas al portador de la lámpara. Algo más costoso en su fabricación, el quinqué se extendió primero entre las clases más altas, aunque con el paso del tiempo llegó también a la población media urbana.

El quinqué y la luz de gas compitieron como alternativas para la iluminación doméstica. Ninguno de los dos terminaría imponiéndose. Aunque en cierto modo tuvieron destinos mejores. Una obra de teatro, posteriormente llevada al cine por George Cukor, acabaría convirtiendo la «luz de gas» en una expresión inmortal. La historia se situaba en el Londres de las últimas décadas del siglo XIX, donde Ingrid Bergman sufre el acoso sordo de su marido, interpretado por Charles Boyer, un impostor que persigue la colección de joyas familiares. Boyer esconde objetos de Bergman, como la cadena del reloj, para después recriminarle su pérdida. Cuando ella protesta, él insiste en culparla, su expresión iluminada por dos luces: una, la lámpara de gas que ilumina la habitación; otra, la que desprende Ingrid Bergman en el esplendor de su carrera. Desde entonces, la expresión «hacer luz de gas» se refiere a esta tortura psicológica, la de negarle a alguien la evidencia más palmaria, la de hacerle creer que vive en el error absoluto.

Ni la luz de gas ni la lámpara de aceite se impondrían en el boyante mercado de la iluminación. En su lugar, lo haría un nuevo descubrimiento, quizá uno de los que más ha cambiado nuestra relación con el entorno y su comprensión: la electricidad.

La electricidad: la batalla de las corrientes

Hay batallas que marcan a generaciones enteras: Coca-Cola contra Pepsi, Marvel contra DC Comics o VHS contra Beta. A finales del siglo XIX tuvo lugar una de las batallas tecnológicas más fascinantes de la historia: la llamada «guerra de las corrientes».[120]

Basta mirar a nuestro alrededor para reparar en cuántas de las cosas que hacemos cada día serían imposibles sin la electricidad: bombillas, teléfonos móviles, frigoríficos, televisores, aparatos de aire acondicionado. Desde leer por las noches hasta conservar los alimentos, nuestras actividades cotidianas se alimentan de la corriente eléctrica (prácticamente todas las que tienen lugar dentro de los edificios; el transporte, en cambio, generalmente utiliza la energía procedente del petróleo, aunque también esto puede cambiar en los próximos años, como veremos más adelante).

120. Yergin Daniel, se puede encontrar un magnífico relato en el capítulo 17 de *The Quest: Energy, Security, and the Remaking of the Modern World*, Penguin Books, Londres, 2011.

Ésta es precisamente una de las características de la electricidad que mejor explica su éxito: su versatilidad. La electricidad nos permitió «domesticar» la energía y darle entrada en nuestros hogares. Como ha señalado Richard Heinberg, las actividades que un estadounidense medio realiza cada día utilizan una cantidad de energía equivalente al trabajo diario de ciento cincuenta esclavos. Es decir, realizamos muchas más actividades que nuestros antepasados en la Roma clásica, y lo hacemos además sin necesidad de esclavizar a nuestros semejantes. Todo ello, gracias precisamente a la versatilidad de las fuentes de energía modernas.

¿Cómo entró la electricidad en nuestras vidas? El conocimiento de las propiedades del electromagnetismo había avanzado desde mucho tiempo atrás, aunque no sería hasta la formulación de las ecuaciones de Maxwell (1861-1865) cuando su completa comprensión abriría la puerta a muchas aplicaciones prácticas. Uno de los inventores más prolíficos de la historia, Thomas Edison, se puso manos a la obra. Perfeccionó un invento entonces en desarrollo, la lámpara incandescente, hasta conseguir que el filamento alcanzara la incandescencia sin fundirse. En la Nochevieja de 1879, Edison hizo funcionar con éxito en Menlo Park el primer sistema de alumbrado, constituido por cincuenta y tres focos. A partir de entonces a Edison se le conocería como el Mago de Menlo Park.

Este «milagro» atrajo la atención del banquero J. P. Morgan. Gracias a su apoyo financiero, Edison diseñó un sistema para suministrar electricidad a su mansión en Manhattan. Pese a que el sistema funcionó, apostaba por una tecnología con unas características muy concretas: la corriente continua. Los resultados eran muy buenos cuando la electricidad se consumía cerca de donde se producía. De hecho, los generadores que alimentaban la mansión de J. P. Morgan se situaban prácticamente al lado de su vivienda. Pero la batalla de las corrientes se acabaría dirimiendo en otro sentido.

Nikola Tesla, un excéntrico inventor de origen serbio, había desarrollado una tecnología conocida como corriente alterna, con las características opuestas: su facilidad de transformación permitía elevar la tensión de forma eficiente y transportar la electricidad a grandes distancias con pequeñas pérdidas asociadas. La patente de la corriente alterna sería adquirida por George Westinghouse (a Edison y J. P. Morgan tampoco les iría mal del todo, crearían General Electric).

La batalla tecnológica entre Edison y Tesla, entre J. P. Morgan y George Westinghouse, acabaría cayendo del lado de la corriente alterna. En un fenómeno propio del capitalismo industrial, las mayores economías de escala de la corriente alterna fueron definitivas para su triunfo comercial. Los sistemas eléctricos que hoy conocemos son consecuencia de la victoria de la tecnología de Tesla sobre la de Edison. Las plantas eléctricas tienen tamaños muy grandes, cada una de ellas abastece a decenas de miles de hogares. A su vez, las empresas eléctricas tienen esta misma escala: son propietarias de muchas centrales y están verticalmente integradas, operando las redes que llevan la electricidad hasta los hogares. Si hubiese triunfado la tecnología de Edison y J. P. Morgan, tendríamos un modelo eléctrico mucho más distribuido, con pequeñas unidades de generación en cada barrio. Probablemente, el propio desarrollo urbano habría sido muy diferente. De hecho, no hace falta imaginárselo porque, en un quiebro de la historia, es una estampa que podemos ver ahora, y que tendrá un papel destacado en los próximos años.

De Jimmy Carter a Obama: los sinuosos caminos de la energía solar

En 1979, el presidente Jimmy Carter mandó instalar treinta y dos paneles solares en el tejado de la Casa Blanca. La instalación fue celebrada con una pequeña ceremonia un caluroso día de junio. Visiblemente satisfecho, el presidente Carter declaró: «En el año 2000, estos paneles estarán todavía aquí, suministrando energía eficiente y asequible».[121] Siempre atento a las encrucijadas, Carter añadió: «Dentro de una generación, estos paneles

121. Lila, Derick, «The Saga of The White House Solar Panels—A Solar

pueden convertirse en una curiosidad, una pieza de museo, un ejemplo de un camino no explorado, o convertirse en cambio en una de las más extraordinarias aventuras jamás completadas por el pueblo americano, el aprovechamiento de la energía del sol».[122]

Carter no acertaría en prácticamente ninguna de sus predicciones. En el año 2000, los paneles ya no estaban en el tejado de la Casa Blanca. Habían sido desmontados en 1986, durante la presidencia de Ronald Reagan. En uno de los debates electorales, precisamente con Carter, Reagan había arremetido duramente contra el programa de investigación y desarrollo de energías alternativas: «El Departamento de Energía tiene un presupuesto superior a 10.000 millones de dólares, y todavía no ha conseguido producir un solo litro de petróleo, un trozo de carbón o nada que remotamente se parezca a una fuente de energía». Al llegar a la Casa Blanca, su jefe de gabinete se declaró harto de los «malditos paneles», antes de ordenar su retirada.

Pero el camino iba a ser mucho más sinuoso de lo predicho por Carter. En el año 2000, la energía solar tampoco se había convertido en un simple objeto de museo. De hecho, los paneles del tejado de la Casa Blanca seguían funcionando, aunque en otro lugar: después de estar olvidados durante años en un almacén del Gobierno federal, fueron rescatados gracias a la mediación de la actriz Glenn Close, y reinstalados en la Universidad de Bangor, en Maine, donde calentarían el agua de la cafetería del campus hasta el año 2005.

Para entonces, bajo la presidencia de George W. Bush, la energía solar había regresado a la Casa Blanca, aunque de forma inadvertida. El National Park Service, el organismo encargado de gestionar las dependencias presidenciales, instaló unos veinte paneles fotovoltaicos en el tejado de la Casa Blanca, además de dos sistemas solares térmicos, parecidos a los de Carter, para calentar el agua de la piscina y el spa del presidente. La decisión la

Story», *Pvbuzzmedia*, 5 de junio de 2017. Véase: <https://pvbuzz.com/the-saga-of-the-white-house-solar-panels/>.

122. La historia de los paneles de la Casa Blanca está contada en el documental *A Road Not Taken*, de Christina Hemauer y Roman Keller.

tomaron los técnicos, por motivos tanto de seguridad como de coste. Posiblemente, el presidente Bush nunca haya sabido de la existencia de las instalaciones.

Tras la llegada de Obama a la presidencia de Estados Unidos, el nuevo inquilino de la Casa Blanca decidió instalar treinta paneles solares en el tejado, en un guiño al lejano sueño de Carter. Fue entonces cuando los periodistas, y seguramente también el propio Obama, descubrieron con asombro que la energía solar había regresado tiempo atrás al número 1600 de Pennsylvania Avenue. Que el camino que llevaba de Carter a Obama había hecho parada en Bush hijo. ¿Qué había sucedido en todo este tiempo? Pues que, en efecto, la tecnología solar había recorrido una de las «más extraordinarias aventuras jamás completadas». Sólo que prácticamente nadie se había dado cuenta.

A menudo se dice que la energía solar que llega a la superficie de la Tierra cada día es suficiente para abastecer nuestra demanda de energía durante todo un año, y que la energía solar es renovable, limpia y gratuita. Todo ello es verdad, salvo alguna cosa. Porque no hay nada gratuito, tampoco la energía procedente del Sol. Para poder aprovecharla, necesitamos utilizar tecnologías costosas. La fotovoltaica es el sistema que más éxito ha demostrado hasta la fecha. Se basa en el denominado efecto fotoeléctrico (el motivo por el que Albert Einstein recibió el Premio Nobel de Física en 1921, no por la teoría de la relatividad):[123] algunos materiales, al recibir partículas lumínicas sobre su superficie (fotones), liberan electrones, es decir, generan una corriente eléctrica. Las primeras células fotovoltaicas, fabricadas con silicio, salieron al mercado en la década de los cincuenta, comercializadas por Bell Labs. Sin embargo, durante muchos años su alto coste, varias veces superior al precio de la electricidad que pagaban los consumidores, las hacía prohibitivas. Apenas existía demanda para este producto.

La popularidad de los paneles fotovoltaicos siguió casi a pies juntillas la conocida «curva en S», de difusión de las nuevas tecnologías, popularizada por el profesor Everett Rogers. Hasta la

123. <https://www.nobelprize.org/prizes/physics/1921/summary/>.

década de los setenta, el desarrollo fotovoltaico fue testimonial. A raíz de las crisis del petróleo, la energía solar recibió ingentes ayudas públicas para su desarrollo. Sin embargo, la década de los ochenta estuvo caracterizada por precios muy bajos del petróleo, que dificultaron el crecimiento de las energías alternativas. A finales de los años noventa, la guerra de precios entre Arabia Saudí y Venezuela hundió aún más los precios del petróleo, que marcaron suelos mínimos. Poco tiempo después, la OPEP acordó una reducción histórica de su producción, con el objetivo de que los precios repuntasen. La llegada de Hugo Chávez a la presidencia de Venezuela, que priorizó la obtención de rentas vía precios altos, aunque fuese a costa de perder cuota en los mercados internacionales, y el fuerte crecimiento de la demanda mundial durante los siguientes años permitirían consolidar el cambio de dinámica en el mercado petrolero, iniciando un ciclo alcista en las materias primas que favorecería el desarrollo de las tecnologías renovables, entre ellas la fotovoltaica, ya para entonces mucho más madura.

Durante los siguientes años, especialmente tras la firma del Protocolo de Kioto en 1997 y la avanzadilla en la lucha contra el cambio climático protagonizada, entre otros, por la Unión Europea, las energías renovables recibieron un notable empujón. La producción mundial de paneles fotovoltaicos, de apenas una decena de megavatios al año a principios de los ochenta, creció hasta superar el centenar de megavatios anuales en 1997 (el año de la firma de Kioto), y a partir de entonces se aceleró muy rápidamente: más de mil megavatios anuales en 2005, y más de cien mil en la actualidad.

Gracias a este frenético ritmo de crecimiento, y a la agresiva competencia por parte de los productores chinos, los costes de fabricación de los paneles solares iniciaron una pronunciada cuesta abajo. Medido en precios constantes (es decir, aislando el efecto de la inflación), el coste de los paneles disminuyó desde 105 dólares por vatio en el año 1975 hasta 0,2 dólares en 2020.[124]

124. <https://www.iea.org/data-and-statistics/charts/evolution-of-solar-pv-module-cost-by-data-source-1970-2020>.

En muchos lugares, la fotovoltaica es ya, a día de hoy, la forma más barata de generar electricidad, y aunque su variabilidad entre el día y la noche impone restricciones, que no obstante se pueden atemperar utilizando sistemas de almacenamiento, durante los próximos años la tecnología fotovoltaica se convertirá en uno de los principales protagonistas de los sistemas energéticos.

La energía fotovoltaica cuenta con una característica muy singular y es que apenas tiene economías de escala. Es decir, la eficiencia de un sistema muy pequeño, por ejemplo los paneles instalados en el tejado de una vivienda unifamiliar, es similar a la de una planta grande, de varios centenares de megavatios. Por este motivo, se habla de «generación distribuida» o de «prosumidores» (uniendo las palabras *productor* y *consumidor*): si el sistema eléctrico actual es centralizado, con grandes plantas de generación que abastecen a muchos consumidores, un sistema donde predomine la generación fotovoltaica sería mucho más granular, con millones de pequeñas plantas eléctricas distribuidas en los tejados y las fachadas de nuestras viviendas.

No es un cambio menor: la configuración moderna de las ciudades responde, entre otros factores, a una razón de eficiencia. Se calcula que cuando una ciudad duplica su densidad de población, se incrementa entre un 2 y un 5 por ciento su eficiencia en el uso de los recursos.[125] El área metropolitana de Tokio, el ejemplo más extremo de densidad urbana, alberga una población de 40 millones de personas en apenas 13.500 kilómetros cuadrados —compárese, por ejemplo, con la provincia de Jaén, con una extensión muy parecida y una población de apenas 600.000 personas—. Si, efectivamente, el sistema eléctrico sufriese una transformación profunda, y la escala dejase de ser un elemento decisivo, la tendencia hacia la concentración en megaurbes, que analizaremos más adelante, podría revertirse. Al revés que en el capítulo anterior cuando hablábamos del modelo de familias, la tendencia sería justamente la contraria: hacia la «desjaponización» de nuestras ciudades. El futuro se parecería

125. Wilson, *Metropolis*, *op. cit.*, p. 2.

más a Jaén (o, como veremos, a ciudades como Los Ángeles, más dispersas) y menos a Tokio.

De hecho, otra de las tecnologías eléctricas más prometedoras, los reactores nucleares a pequeña escala (SMR, por sus siglas en inglés), cuyos primeros prototipos comerciales podrían salir al mercado a lo largo de 2021, aunque todavía deben resolver los interrogantes de seguridad y de gestión de los residuos asociados a la energía nuclear, comparten con la tecnología fotovoltaica la característica de su «modularidad», es decir, la capacidad para producir de manera eficiente a pequeña escala.

Con todas las incertidumbres propias de encontrarnos en plena transformación de los sistemas energéticos, hay una tendencia hacia modelos eléctricos más distribuidos y menos concentrados. Exactamente el tipo de sistemas que habríamos tenido si la tecnología desarrollada por Edison se hubiese impuesto a la de Tesla durante la «batalla de las corrientes». De hecho, en uno de esos guiños traviesos que de vez en cuando se permite la historia, los paneles fotovoltaicos generan electricidad en corriente continua (normalmente utilizan un «inversor» para transformarla en corriente alterna). Es como si el futuro les hubiese reservado a los aparatos de vídeo Betamax una segunda oportunidad.

De la lámpara de aceite al modelo T

Volvamos por un momento a finales del siglo XIX. Hemos visto cómo la electricidad acabó dominando el mercado de la iluminación. A su vez, la luz de gas encontraría su acomodo entre el papel cuché del cine y el baúl del idioma. Nos falta por saber el destino de la lámpara de aceite —el quinqué—, no menos apasionante. Porque terminó alumbrando a la industria más importante del siglo XX: la del petróleo.

A mediados del siglo XIX empezó a utilizarse un «nuevo» material como combustible en las lámparas de aceite: el queroseno. Se trataba de un derivado de una sustancia abundante en el noroeste de Pensilvania, conocido como bitumen (betún) o petróleo de esquisto. Como combustible, sus prestaciones mejoraban sustancialmente al resto de las alternativas existentes en el mercado. En realidad, no era exactamente nuevo. Muchas de las propiedades del petróleo se conocían desde siglos atrás. La utilización del bitumen está documentada al menos desde el siglo I a. d. C. en Oriente Medio, así como en la construcción de las murallas de Jericó y Babilonia. Sin embargo, como ocurrió con muchos otros conocimientos clásicos, la Edad Media marcó una línea de discontinuidad en el acervo científico mundial, y el petróleo permaneció arrinconado (o mejor dicho, bajo tierra) durante siglos.

La utilización del queroseno para la iluminación fue desde el principio un rotundo éxito comercial. La extracción de petróleo se concentraba en Estados Unidos, primero en los campos de Pensilvania y, posteriormente, tras la guerra civil estadounidense, en los estados de Ohio, Nueva York y Virginia. Su éxito se extendió pronto al continente europeo. Entre 1870 y 1880, el queroseno se convertiría en el cuarto producto entre las exportaciones de Estados Unidos, el primero entre los manufacturados.

El desarrollo del petróleo corrió paralelo al del primer gigante industrial, la empresa de John Rockefeller, Standard Oil. Fundada en 1870, su nombre era una manera de diferenciarse del petróleo de baja calidad que existía en el mercado. Standard Oil se centró al principio en las actividades intermedias (refino y comercialización), dejando la exploración y la perforación a los pequeños emprendedores, esos lobos solitarios a la búsqueda de tesoros tan frecuentes en la historia del país norteamericano, de los buscadores de oro a los más recientes de gas no convencional, entre todos esculpiendo el carácter individualista, emprendedor y optimista, siempre a la caza de un golpe de suerte, del sueño americano. A los exploradores del petróleo se los conocía como «gatos salvajes».

En aquellas décadas, el precio del petróleo sufrió violentas oscilaciones. En 1864 el crudo alcanzó el que según algunas estimaciones sigue siendo el precio más alto jamás registrado (ocho dólares de entonces). Para protegerse frente a estos movimientos, Standard Oil expandió sus actividades hacia la exploración y extracción, una integración vertical «hacia arriba» que estabilizó un mercado que, dominado por los gatos salvajes, vivía en una noria, en un permanente ciclo de expansión y recesión.

Sin embargo, el éxito de Standard Oil llegó demasiado lejos. Tras alcanzar cuotas superiores al 80 por ciento del mercado, algunas de sus prácticas comerciales, extraordinariamente agresivas, provocaron fuertes controversias en la opinión pública, sobre todo a raíz de una serie de reportajes publicados en la revista *McClure's* por la que muchos consideran la primera «gran periodista» estadounidense, Ida Tarbell.[126] Controvertidos eran por ejemplo los denominados «reintegros»: Standard Oil exigía un descuento si las compañías ferroviarias transportaban derivados del petróleo de otras empresas. El eco de estas informaciones, dentro del magma social de la época, el «movimiento progresivo» de la presidencia de Theodore Roosevelt, hizo reaccionar a las autoridades. Aplicando, curiosamente, una legislación promovida por los estados agrícolas para defenderse de los desmanes de las propias compañías ferroviarias (la Ley Sherman), hasta entonces prácticamente inédita, el Tribunal Supremo de Estados Unidos decretó en 1911 la separación de Standard Oil, dividiéndola en hasta treinta y tres empresas, un hito en la historia económica del país que marca el inicio de una política industrial más centrada en la defensa de los consumidores y de la competencia.

Cuando se produce la separación de Standard Oil, el crecimiento del mercado del petróleo es ya imparable: el viscoso líquido negro se había extendido a aplicaciones más allá de la iluminación, como el pujante sector del transporte, marítimo, aéreo y, sobre todo, terrestre.

Hasta entonces, el transporte marítimo utilizaba como combustible el carbón, con serias limitaciones. Gran parte del cargamento de los buques debía destinarse precisamente a almacenar el combustible, y una parte de la tripulación, a su quema para mantener encendidos los motores, con merma de su capacidad de maniobra. En 1911, precisamente el mismo año de la separación de Standard Oil, fue nombrado primer lord del almirantaz-

126. Su historia puede encontrarse en el capítulo 5 de Yergin, Daniel, *The Prize: The Epic Quest for Oil, Money & Power*, Simon & Schuster, Nueva York, 1990.

go británico un tal Winston Churchill, quien adoptó una de las decisiones estratégicas más importantes de la historia de la marina británica, que estiró la supremacía británica durante varias décadas (y, probablemente, permitió a la vieja potencia llegar con resuello para resistir el acoso nazi años después): sustituir el carbón por el petróleo, buscando en la mayor velocidad y la reducción de los tiempos de recarga una ventaja estratégica en el dominio de los mares.

En realidad, la decisión de Churchill fue más obvia de lo que a menudo se cuenta (alrededor de Churchill existe una especie de bruma mitológica que, además de atribuirle citas apócrifas, tiñe de prescientes casi todas sus decisiones, sin perjuicio de que muchas efectivamente lo fuesen). Por un lado, las ventajas del petróleo eran evidentes, mientras que sus costes, derivados de la concentración de sus reservas en unos pocos países, sólo se pondrían de manifiesto a partir de la crisis de la década de los setenta. Hasta entonces, el petróleo era simplemente una versión mejorada del carbón o la madera: abundante, barato y con mejores prestaciones energéticas.

Si el petróleo cambiaría para siempre el transporte marítimo, su potencial se haría aún más manifiesto en dos sectores hasta entonces casi inexistentes: el transporte terrestre y el aéreo. Precisamente un ingeniero procedente del sector de la iluminación, un trabajador de la Edison Illuminating Company, Henry Ford, empezó en aquellos años a experimentar con motores de gasolina. En 1908, desarrollaría un primer prototipo del modelo T. Hasta entonces el transporte por carretera estaba dominado por los caballos. Por ello, Ford mediría la potencia de los nuevos motores de combustión también en caballos (una manera más elegante de hacerlo que en esclavos).

Pero esta vez el cambio disruptivo no sería tecnológico, sino organizativo: Ford diseñó una cadena de montaje sobre las bases de la especialización de los trabajadores y la estandarización de los componentes. Gracias a ello, redujo el tiempo medio de fabricación de un modelo T de 12 horas a 93 minutos,[127] lo que abara-

127. Declaraciones de Bob Kreipke recogidas por AFP.

tó su precio de 850 a 260 dólares. De esta forma, el modelo T se convirtió en asequible para amplias capas de consumidores. El vehículo a motor se convertió en parte del sueño aspiracional del americano medio. El éxito de los vehículos de combustión a partir de los años veinte constituiría una fuente casi inagotable de crecimiento de la demanda de petróleo.

El rápido proceso de urbanización de nuestras sociedades, la llegada del *Homo urbanus*, tendría lugar en paralelo a los grandes avances de la etapa industrial. Los nudos del ferrocarril condensaron los grandes núcleos urbanos. Después, el éxito del automóvil esparciría la población hacia las zonas suburbanas. Las ciudades crecieron primero hacia arriba y más adelante a lo ancho. La electricidad crearía ciudades como Nueva York; el petróleo, otras como Los Ángeles. Si la electricidad permitió al hombre domesticar la energía, el petróleo —el transporte— le permitió domesticar la libertad de movimientos. Como dice Anthony Giddens,[128] el automóvil no fue simplemente una tecnología o un modo de transporte, sino un factor determinante de la economía entera, el cincel con el que se ha esculpido nuestra forma de vida en el último siglo.

El regreso al futuro del vehículo eléctrico: de la Hispano-Suiza al «mofletes»

El 19 de agosto de 1897, el periódico local de Harrisburg publicaba un editorial sobre el pujante sector del automóvil: «Tenemos todos los motivos para pensar que la industria del vehículo eléctrico está sólidamente establecida y que crecerá rápidamente en los próximos años».[129] De hecho, en el año 1900 alrededor de un tercio de los vehículos que circulaban por las carreteras en Estados Unidos eran eléctricos.[130] Pocos años después, sin embargo,

128. Giddens, *The Politics of Climate Change*, *op. cit.*

129. Adner, Ron, *The Wide Lens: What Successful Innovators See That Others Miss*, Portfolio/Penguin, Nueva York, 2013.

130. Tesla Motors Inc., The Wharton School of Business.

la situación había cambiado por completo. En 1914, el 99 por ciento de los vehículos fabricados en el país eran de combustión interna. Por el camino se habían cruzado la cadena de montaje de Ford, ya comentada, el descubrimiento de los enormes campos petrolíferos en Texas y las mejoras de eficiencia de los vehículos de gasolina.

El dominio del petróleo en el transporte se mantendría a lo largo de todo el siglo XX. Pero, en varias ocasiones, el vehículo eléctrico intentaría recuperar aquel cetro perdido: tras la guerra civil española, el Gobierno de Franco, ante las restricciones para al aprovisionamiento de petróleo, apostó por la producción nacional de vehículos eléctricos. Empresas como Alfa Romeo, Fiat y Saurer se interesaron en su fabricación, aunque finalmente la adjudicataria fue Hispano-Suiza. El resultado fue el Pegaso eléctrico, también conocido como el «mofletes» por la simpática disposición de sus faros delanteros.

En la década de los noventa, el vehículo eléctrico protagonizaría un nuevo intento. Después de que el estado de California estableciese la obligación de fabricar un porcentaje mínimo de «vehículos sin emisiones», varias compañías automovilísticas desarrollaron prototipos eléctricos, entre ellos el EV1 de General Motors. Sin embargo, el alto coste de fabricación, la falta de demanda y la caída de los precios del petróleo enterrarían aquellos planes. Chris Paine dirigió una película documental titulada *¿Quién mató al coche eléctrico?*, donde relata cómo Toyota, Honda y otros fabricantes nipones, al principio rezagados en la carrera eléctrica, tendrían más paciencia que sus competidores norteamericanos, manteniendo los programas de inversión multimillonarios, hasta desarrollar una ventaja competitiva en la fabricación de vehículos híbridos como el Toyota Prius.

Aún más acertado sería el título de un nuevo documental de Paine, estrenado en el Festival de Cine de Tribeca en abril de 2011: *La venganza del coche eléctrico*. Porque, a partir de la década de 2010, el coche eléctrico volvería a escena, esta vez con mucha más fuerza: al éxito de Tesla, le seguirían ambiciosos planes por parte de la mayoría de los fabricantes de automóviles. Aunque los vehículos eléctricos todavía representan un porcentaje reducido de las ventas totales de vehículos (apenas un 2,6 por ciento a nivel mundial),[131] su crecimiento está siendo muy rápido. En 2010 apenas circulaban 17.000 vehículos eléctricos a nivel mundial, y a finales de 2019 este número alcanzaba ya los 2 millones.[132] Los análisis más optimistas prevén que en 2040, los eléctricos representen entre el 50 y el 60 por ciento de los vehículos ligeros.

¿Cuáles son los motivos de este crecimiento? En primer lugar, su mayor rendimiento energético: del pozo a la rueda (*well to wheel*), el vehículo eléctrico tiene un rendimiento cercano al 30 por ciento, frente a una media del 20 por ciento en los motores de combustión interna (algo mayor para los motores diésel y menor para los de gasolina). Un mayor rendimiento supone un menor consumo de energía y, por tanto, menor gasto.

El vehículo eléctrico tiene también un coste de mantenimiento muy inferior, gracias a que el número de piezas y su desgaste es mucho menor al de un motor tradicional. Como gráficamente se ha señalado, basta pensar en el desgaste que produce una cadena de explosiones controladas, porque exactamente en eso consiste el motor de combustión interna.

Pero sobre todo el crecimiento del vehículo eléctrico viene impulsado por los compromisos medioambientales. El transporte es responsable de alrededor de un 25 por ciento de las emisiones de gases de efecto invernadero. Al contrario que otros sectores, el transporte todavía no ha dado con la tecla. Las emisiones del transporte no han dejado de incrementarse en las últimas décadas. Mientras el sector eléctrico ha avanzado mucho en su «descarbonización», en el transporte apenas se ha progresado. Y, como Mahoma no va a la montaña, ésta ha decidido acercarse a Mahoma. Para descarbonizar el transporte, la mayoría de los países están apostando por una estrategia en dos etapas: descarbonizar el sector eléctrico, para a continuación «electrificar» el transporte.

Evidentemente, no todo son ventajas en el vehículo eléctrico. De lo contrario, habría triunfado en alguna de sus acometidas

131. Agencia Internacional de la Energía, «Global EV Outlook», 2020.
132. <https://www.iea.org/reports/global-ev-outlook-2020>.

anteriores. El principal inconveniente es la autonomía de los vehículos, limitada por la capacidad de las baterías (aunque ya hay modelos con una autonomía superior a los 500 kilómetros). La velocidad de recarga y la infraestructura necesaria son también otros factores limitantes.

Considerando ventajas e inconvenientes, y, sobre todo, la cada vez más urgente necesidad de descarbonizar el sector del transporte, el vehículo eléctrico está también, como la tecnología fotovoltaica, llamado a protagonizar un papel destacado en el sistema energético de los próximos años. Especialmente, como veremos a continuación, en entornos urbanos, con distancias relativamente cortas y trayectos frecuentes. Es por eso que le hemos dedicado tanta atención en este capítulo. Porque ambos protagonistas cambiarán el trazo de nuestras ciudades durante las próximas décadas.

La tríada del transporte

Robert Moses, en apariencia, fue un simple técnico de urbanismo del Ayuntamiento de Nueva York, donde transcurrió casi toda su carrera profesional. Pero en realidad fue uno de los hombres más poderosos de Estados Unidos, ya que durante décadas controló en la sombra a alcaldes, medios de comunicación, políticos y empresarios. Se calcula que diseñó y ejecutó inversiones por un montante de 30.000 millones de euros, incluyendo casi 1.000 kilómetros de vías urbanas, siete puentes y lugares emblemáticos de Nueva York, como la sede de la ONU, el zoo de Central Park o el Lincoln Center. Se estima que sus proyectos provocaron el desplazamiento forzoso de medio millón de neoyorquinos.

Robert Caro escribió una monumental biografía sobre Robert Moses, que Obama describiría como uno de los libros que más le impresionaron en su juventud y una de las razones que le llevaron a la actividad política. La influencia de Moses en la ciudad de Nueva York, y la indirecta en muchas otras ciudades por el influjo neoyorquino, lo convierten seguramente en el urbanista más importante del siglo xx. Cuando le pidieron resumir su concepción del urbanismo, su respuesta fue concisa: «Las ciudades están creadas por y para el tráfico». Una receta que todavía destilaría un poco más uno de los arquitectos preferidos de Moses, el francés Charles-Édouard Jeanneret, más conocido como Le Corbusier: «Una ciudad hecha para la velocidad es una ciudad hecha para el éxito».

Las ciudades modernas se definen a través de su relación con el movimiento. No por casualidad se habla del trasiego urbano. Como el río de Heráclito, la ciudad moderna no detiene nunca su marcha, vive en constante movimiento. Y en el último siglo, el movimiento físico en las ciudades (el intelectual discurre en paralelo) ha sido el de los vehículos. El diseño de las ciudades del siglo XX respondió más al desplazamiento de los vehículos (circunvalaciones, anillos, puentes y un largo etcétera) que al de las personas. Se calcula que el 70 por ciento del espacio público de nuestras ciudades se destina al aparcamiento.[133] A su vez, los vehículos se encuentran estacionados entre un 90 y un 95 por ciento del tiempo.[134] Es decir, dedicamos la mayor parte del (escaso) espacio público a algo que apenas utilizamos. Y, además, cuando lo hacemos, no es precisamente un ejemplo de eficiencia: la media de ocupación en los desplazamientos urbanos es de apenas 1,5 personas por vehículo, y alrededor de un 30 por ciento del tiempo de conducción en las ciudades se malgasta buscando un sitio donde aparcar el coche.

Algunos de los modelos de negocio más exitosos en las últimas décadas (desde Ryanair a Uber o Airbnb) comparten un mismo patrón: aprovechar las rendijas que las nuevas tecnologías abren en sectores económicos «fofos», aquellos que han acumulado ineficiencias debido a factores como la existencia de

133. Estrategia de Movilidad Sostenible, Ministerio de Transportes, Movilidad y Agenda Urbana.

134. En Seúl, Corea del Sur, según la base de datos de la Unión Internacional de Transporte Público (UITP), los coches de uso privado están aparcados el 92,3 por ciento del tiempo. En Estados Unidos, según la Universidad de California en Los Ángeles (UCLA), el 95 por ciento. En España, según el informe *Cuentas Ecológicas del Transporte*, de Ecologistas en Acción (p. 122 en adelante) de 2014, los coches están de media aparcados el 97 por ciento del tiempo.

barreras de entrada, comportamientos oligopolistas o un insuficiente nivel de innovación.

El transporte urbano es precisamente uno de estos casos: millones de hogares dedican un importante esfuerzo financiero (tan sólo por detrás del que dedican a la propia vivienda) a adquirir algo que apenas utilizan una mínima fracción de su tiempo, que ocupa la mayor parte del espacio público, encarece la vivienda y dificulta el disfrute de espacios como parques públicos. ¿No existe alguna forma de explotar esta gigantesca ineficiencia?

Sí la hay. Es precisamente lo que ha desencadenado lo que se ha denominado la tríada[135] del transporte. Un triple cambio que en los próximos años puede transformar por completo el sector. Del primer cambio hemos hablado extensamente, el empuje del vehículo eléctrico en detrimento de los vehículos de combustión interna. Los otros dos cambios son la conocida como «movilidad como servicio» (MaaS, por sus siglas en inglés, *mobility as a service*) y el vehículo autónomo. La movilidad como servicio consiste en pasar de un sistema de movilidad clásica, basado en la propiedad de un vehículo, a otro en el que los usuarios reciben «servicios de movilidad» como cualquier otro servicio, como si se tratase por ejemplo de «cortes de pelo». En lugar de tener un peluquero permanentemente en casa, siempre disponible para cuando lo necesitamos (ocioso por tanto la mayor parte del tiempo), pasamos a pagar por los servicios de peluquería de forma puntual, sólo cuando efectivamente nos cortamos el pelo. Es un fenómeno que ya se está produciendo: en Estados Unidos, el porcentaje de la población con permiso de conducir lleva reduciéndose de forma constante desde principios de los ochenta (entre los jóvenes de entre veinte y veinticuatro años, por ejemplo, ha pasado del 92 por ciento en 1983 al 80 por ciento en 2018).[136]

135. Rifkin, Jeremy, *The Green New Deal: Why the Fossil Fuel Civilization Will Collapse by 2028, and the Bold Economic Plan to Save Life on Earth*, Nueva York, 2019. Versión castellana de Antonio Francisco Rodríguez Esteban, *El Green New Deal global: Por qué la civilización de los combustibles fósiles colapsará en torno a 2028 y el audaz plan económico para salvar la vida en la Tierra*, Planeta, Barcelona, 2019.

136. Sivak, Michael, «Younger Persons Are Still Less Likely to Have a Dri-

El vehículo autónomo es el tercer componente de la tríada. La mayor parte de los accidentes de tráfico tienen lugar por distracciones humanas o como consecuencia de interpretaciones incorrectas (o incompatibles) de las normas de tráfico. El procesamiento de la información disponible sobre los accidentes, y su automatización a través de computadoras, abre un abanico inmenso de posibilidades para una utilización más eficiente y sostenible de los vehículos, especialmente en entornos urbanos. Aunque con más retraso respecto a los vehículos eléctricos, la conducción autónoma también tendrá un papel destacado en las próximas décadas. Incluso aunque tarde en materializarse, los vehículos se convertirán en máquinas inteligentes, que facilitarán la labor de los conductores mediante la explotación de las ingentes cantidades de información disponible sobre el tráfico, los trayectos alternativos o las distracciones más habituales.

Los vehículos del futuro (un futuro cada vez más inminente) serán eléctricos, se ofrecerán como servicio más que como un objeto y se conducirán de forma autónoma. Como ha declarado Mary Barra, consejera delegada de General Motors, el objetivo es triple: «Cero emisiones, cero accidentes y cero congestiones». Incluso si esta transformación no es completa, el paisaje de nuestras ciudades cambiará radicalmente. Las ciudades tendrán menos coches y menos embotellamientos —aunque aumente la distancia total recorrida, aunque nos desplacemos más, las congestiones disminuirán al hacerlo el número de vehículos en circulación—, y dispondremos de más espacios públicos. ¿Cómo llenaremos el hueco que dejarán los coches? Algunos autores proponen fijarnos en el Singapur de hoy, «con jardines verticales en los rascacielos, bosques urbanos y calles verdes».[137] El Cheonggyecheon de Seúl, un arroyo restaurado como espacio natural urbano, sería un entremés de lo que viene. Las ciudades reinventarán su relación con la movilidad. Otros autores creen que predominarán las «megaurbes» con una configuración parecida a

ver's License Than in the 1980s», *Green Car Congress*, enero de 2020. Véase: <https://www.greencarcongress.com/2020/01/20200106-sivak.html>.

137. Wilson, *Metropolis*, *op. cit.*

Los Ángeles, lugares amorfos y policéntricos. Los «núcleos urbanos» se multiplicarán como champiñones dentro de las ciudades. Una de las promesas estrella de Anne Hidalgo en las últimas elecciones a la alcaldía de París en 2020 fue promover «la ciudad de los quince minutos» (*la ville du quart d'heure*), inspirada por el urbanista franco-colombiano Carlos Moreno: una ciudad que, en lugar de mantener separados los barrios residenciales de los de oficinas, ofrece a sus habitantes la posibilidad de completar todas sus actividades cotidianas (trabajar, ir al supermercado, hacer deporte o salir a cenar) en su entorno más próximo, en un radio de apenas quince minutos.

Nadie puede saber con rotundidad cómo será el futuro, pero tenemos algunas pistas. Nuestras ciudades serán mucho más silenciosas: las explosiones controladas de los vehículos de combustión interna dejarán paso al zumbido suave y monótono de los coches eléctricos. El espacio a nuestro alrededor será más amplio: las plazas de aparcamiento serán sustituidas por extensas zonas verdes y carriles para bicicletas o patinetes. Las ciudades crecerán en forma de racimos, albergando microurbes dentro de los grandes perímetros urbanos. La realidad dejará de ser plana[138] para volver a ser circular. Sólo que ahora consistirá en una constelación de pequeños círculos excéntricos. Curiosamente, nuestro radio de movimiento se estrechará alrededor de nuestra vivienda. Recuperaremos el sabor de lo próximo frente a la promesa de lo desconocido que se asociaba con poseer un vehículo.

«El aire de la ciudad hace libre a los hombres»

Los vehículos, y la libertad de movimientos asociada a ellos, fueron un paso más dentro del proceso de emancipación individual

138. Friedman, Thomas L., *The World Is Flat: A Brief History of the Twenty-first Century*, Farrar, Straus and Giroux, Nueva York, 2005. Versión castellana, *La Tierra es plana: una breve historia del siglo XXI*, Planeta, Barcelona, 2006.

que históricamente han representado las ciudades. Conducir un vehículo no sólo era una cuestión de estatus social: era el pórtico de entrada a la vida adulta. El retroceso del vehículo privado y su transformación en un servicio, ya apuntada, es fruto de su sustitución por otros medios de transporte más accesibles para los jóvenes (como Uber, BlaBlaCar o las aerolíneas de bajo coste). Incluso puede pensarse que la libertad de movimientos ha perdido importancia frente a la emancipación que los jóvenes alcanzan en otros ámbitos, por ejemplo a través de la hiperconectividad que les abren las redes sociales. La libertad tiene en la actualidad un significado más polisémico, no está limitada tan sólo a la capacidad de moverse libremente.

Hagamos una última excursión histórica. Las palabras griegas para 'tienda' (*agorázo*) y para 'hablar en público' (*agoreúzo*) comparten una misma raíz etimológica: la de *ágora*, el espacio público por excelencia de las ciudades griegas. El comercio y la actividad política son precisamente las manifestaciones más claras de este florecimiento de las libertades en los entornos urbanos. La aglomeración humana (la «colmena», que diría Cela) ha constituido históricamente una marmita de libre albedrío donde los individuos se bañaban en la interacción social y, al mismo tiempo, un dique de contención contra la hiperregulación y la concentración de poderes. «El aire de la ciudad hace libre a los hombres», se decía en las sociedades medievales. Incluso en los entornos más ásperos, las ciudades han encontrado resquicios por donde seguir respirando: en las urbes de tradición confucionista, las rígidas convenciones sociales angostaban el espacio público, reduciendo al mínimo las ocasiones para la interacción social espontánea. Por ejemplo, en las calles principales, las normas sociales exigían estar continuamente inclinándose ante el paso en caballo de los nobles. Como respuesta a esta tediosa costumbre, se popularizaron las callejuelas adyacentes, conocidas como *pimagoles* (cuyo significado literal es 'evitar la calle con caballos'), todavía comunes en las ciudades japonesas o coreanas.[139] Incluso las ciudades más cartesianas en su diseño han

139. Wilson, *Metropolis*, *op. cit.*

acabado por romper sus costuras y dar rienda suelta a la libérrima individualidad que brota de la aglomeración urbana.

El primer tecnócrata urbano conocido es Hipodamo de Mileto, el arquitecto que diseñó el puerto de El Pireo, un ejemplo de planificación urbana frente a la caótica disposición de la capital griega, Atenas. En las ciudades que siguen el planeamiento hipodámico, o trazado en damero, las calles siguen ángulos rectos, formando manzanas rectangulares. La más famosa de todas ellas, sin duda, es Nueva York, pero este mismo diseño urbano se utilizó en la mayoría de las capitales latinoamericanas fundadas durante la conquista española, así como en Turín, en Italia, o en los ensanches de Barcelona y Bilbao.

En la Antigüedad Clásica, se decía que el trazado urbano reflejaba el espíritu de las ciudades. El diseño hipodámico de Alejandría se contraponía al espontáneo de Atenas. Alejandría era enciclopédica y conformista, frente a la experimental y entrópica Atenas. En Alejandría se cultivaban disciplinas como las matemáticas, la medicina o la geometría; en Atenas, la filosofía, la política o el teatro.[140] La historia posterior, sin embargo, desmiente esta relación entre espíritu y trazado urbano: los planeamientos hipodámicos no han convertido a Nueva York o Barcelona en ciudades conformistas ni cartesianas, todo lo contrario. El empuje que se genera cuando millones de personas conviven juntas no lo frena ni la más cerrada de las camisas de fuerza.

Curiosamente, dos de las ciudades más distintas, tanto en su carácter como en su diseño, París y Nueva York, comparten una estrecha similitud en su configuración moderna: ya hemos visto como la de Nueva York fue resultado de los vastísimos recursos administrados por Robert Moses y de la libertad que disfrutó para ejecutar sus planes, aun cuando en ocasiones provocasen grandes alteraciones o desplazamientos de la población. Algo parecido ocurrió en París a mediados del siglo XIX, cuando el barón Haussmann recibió el encargo de Napoleón III de transformar la capital francesa. Haussmann arrasó con el París medie-

140. Ibídem.

val, convirtiéndolo en la ciudad luminosa, con espacios abiertos, en el París de los bulevares que hoy conocemos.

Estas transformaciones radicales de las ciudades, sin embargo, son hoy reliquias del pasado. En la actualidad, se busca preservar el patrimonio arquitectónico y pesan mucho más las consideraciones sobre el impacto social y medioambiental, que, junto con los mecanismos de control ciudadano, dificultan las grandes obras faraónicas. Los cambios, cuando se producen, son paulatinos, guiados más por pequeñas permutas en las costumbres cotidianas que por grandes ensoñaciones de afamados urbanistas.

El efecto de la COVID-19 en las ciudades

En cierto modo, la pandemia de la COVID-19 ha sido una especie de «ensayo general» del cambio climático. A riesgo de exagerar su parecido, se pueden señalar algunas similitudes:[141] tanto la salud pública como el clima son bienes públicos, y su cuidado exige una actuación coordinada a nivel global, compleja y llena de dificultades. En ambos casos, también, los riesgos de no actuar a tiempo exceden con mucho los costes de una respuesta temprana. Los «puntos de inflexión» (*tipping points*) en el cambio climático se parecen a las curvas exponenciales de contagios en una pandemia, que también puede escaparse de control en caso de no atajarse a tiempo. Y, finalmente, está el impacto sobre nuestras costumbres y vida cotidiana. A resultas de la pandemia de la COVID-19 se popularizó la expresión «nueva normalidad» para referirse a los cambios en las costumbres y hábitos sociales, que es precisamente lo que venimos abordando a lo largo de estos capítulos: la «nueva normalidad climática».

Como en todas las comparaciones, sin embargo, existe el riesgo de convertirlas en caricaturas al tratar de estirarlas. Tras la irrupción de la pandemia de la COVID-19, a principios de 2020,

141. Tapia, Isidoro, «¿Es la Covid-19 una oportunidad para la transición ecológica en España?», EsadeEcPol, *Policy Insight*.

algunas voces sugirieron que las ciudades entrarían en una fase de declive. Se dijo, por ejemplo, que los pobres urbanos tendrían que emigrar de las ciudades[142] ante el impacto económico de la pandemia, especialmente en empleos de baja cualificación, como hoteles, restaurantes o comercios. La película ganadora del Oscar en 2019, la coreana *Parásitos*, dibujaba con cierta premonición los estragos de las lluvias torrenciales entre la población más desfavorecida de las ciudades, de un modo asombrosamente parecido a como Fritz Lang, en 1927, en la película *Metrópolis*, había visualizado la ciudad del futuro: con la población más pudiente viviendo en las plantas superiores de rascacielos bañados en sol, mientras el resto de los trabajadores dormía en los sótanos de los edificios.

Con motivo de la COVID, se planteó también el escenario contrario: que, como consecuencia de la pandemia, la población de renta más alta podría abandonar los centros urbanos, buscando espacios más amplios, en un proceso parecido al que tuvo lugar durante la segunda mitad del siglo XX en las grandes ciudades norteamericanas, cuando una parte importante de la población, especialmente las familias con hijos, se desplazó hacia las nuevas zonas suburbanas. En España, se trataría de un movimiento hacia los denominados PAU (Programas de Actuación Urbanística), las zonas residenciales de nueva construcción situadas en las afueras de las grandes ciudades como Madrid o Barcelona.

Tras la caída del Imperio romano de Occidente, en el siglo IV d. C., y el abrupto retroceso del comercio a larga distancia, las grandes ciudades (entre ellas, la propia Roma) también entraron en un largo período de decadencia. El poder político e intelectual y la riqueza abandonaron los entornos urbanos, y durante siglos se refugiaron en monasterios y castillos, en un largo período conocido como Edad Media. En Europa, el grado de urbanización que existía en el auge del Imperio romano no se volvería a lograr hasta 1.300 años después; ninguna ciudad rebasaría la barrera del millón de habitantes hasta el año 1800.

142. <https://www.ft.com/content/98f5e207-98b0-4221-b7b3-c5cd12d048f1>.

Sin embargo, lo más probable es que ni los más ricos ni los más pobres abandonen en masa las ciudades. Como se ha señalado, por muy seductora que parezca la idea de convertirse en «cincinatos pequeñoburgueses»[143] y abandonar la ciudad para irse a vivir al campo, el entorno urbano seguirá ofreciendo un miasma de oportunidades de todo tipo, profesionales, recreativas o incluso personales, difícilmente replicables en entornos rurales. Las llamadas economías de red incrementan el valor que una persona recibe de un bien o servicio, al aumentar el número de usuarios del mismo. Éste es el verdadero hechizo de las ciudades. Para alguien que aspira a una exitosa carrera profesional, las ciudades ofrecen un crisol inagotable de oportunidades, frente a la angostura de las pequeñas capitales «de provincias». Algo parecido ocurre con el ocio: restaurantes, museos, obras de teatro. Todos ellos necesitan una demanda mínima para ser viables, que los ubican de forma «natural» en las grandes ciudades. Incluso cuestiones más personales, como la orientación sexual, encuentran menos restricciones en las grandes ciudades. En sociedades muy conservadoras, mudarse a la ciudad permite a las mujeres escapar de matrimonios concertados y elegir más libremente a su pareja para construir una vida en común. Dice el papa Francisco: «No es propio de habitantes de este planeta vivir cada vez más inundados de cemento, asfalto, vidrio y metales, privados del contacto físico con la naturaleza».[144] En realidad, y quizá esa sea una de las lecciones de la pandemia, lo que no es propio es vivir aislado de otras personas.

Hay, sin embargo, dos rasgos concretos del futuro que la pandemia de la COVID-19 ha dejado entrever: el avance del teletrabajo y las mayores restricciones en el transporte. Aunque en muchos sectores de actividad (por ejemplo, la construcción o los

143. González Férriz, Ramón, «¿Piensas dejar la ciudad e irte al pueblo por el Covid? Igual no es tan buena idea», *El Confidencial*, 8 de septiembre de 2020. Véase: <https://blogs.elconfidencial.com/cultura/el-erizo-y-el-zorro/2020-09-08/ciudad-pueblo-pandemia-coronavirus-teletrabajo_2739047/>.

144. *Laudato sí. Sobre el cuidado de la casa común* (24 de mayo de 2015). Véase: <http://www.vatican.va/content/francesco/es/encyclicals/documents/papa-francesco_20150524_enciclica-laudato-si.html>.

empleados del hogar), el teletrabajo no es una alternativa factible, en muchos otros, en cambio, los servicios que se prestan trabajando desde casa son equiparables al trabajo presencial (banca, servicios de asesoramiento legal, consultoría, diseño, etc.). El teletrabajo no sustituirá por completo al trabajo presencial, pero el cambio climático actuará como un poderoso vector de crecimiento.

El segundo son las restricciones en el transporte. Como hemos indicado varias veces en este capítulo, la movilidad es uno de los eslabones más débiles en la lucha contra el cambio climático (junto con la fabricación de materiales como el hormigón y el acero).[145] Al contrario que otros sectores, el transporte no ha dejado de incrementar sus emisiones en las últimas décadas. La electrificación es una alternativa real para los vehículos en carretera, pero no para el transporte de mercancías ni para el transporte marítimo o aéreo. Por muchos avances tecnológicos que se produzcan, es probable que en el futuro suframos restricciones en la movilidad, es decir, que no seamos capaces de mantener nuestro consumo actual de transporte (agregando todas las formas actuales, terrestre, marítimo y aéreo) para poder cumplir con los objetivos climáticos.

Para terminar: las megaciudades

Un cambio tan profundo como el del clima del planeta alterará de forma inevitable la configuración de nuestras ciudades. Tal vez los cambios sean paulatinos, porque el urbanismo es ahora más pausado que en el siglo XX, pero sus efectos serán profundos y duraderos.

Algunos autores incluyen el cambio climático entre una de las «megatendencias» que caracterizan el presente.[146] A lo largo de este libro, venimos defendiendo que el cambio climático es en

145. Gates, *How to Avoid a Climate Disaster*, *op. cit.*

146. Winston, Andrew, «COVID-19, Climate Change, and the Forces Shaping Our Future», *MIT Sloan Management Review*, 12 de mayo de 2020.

realidad una metatendencia, una tendencia que a su vez genera otras, como profundos cambios en las familias, las empresas, las ciudades o la política, tanto nacional como internacional.

La urbanización, el desplazamiento de la población mundial hacia las ciudades, seguirá su curso en las próximas décadas, y el cambio climático no hará sino acelerar este proceso. En 1950 existían apenas dos megaciudades, es decir, con una población superior a diez millones de habitantes. En la actualidad hay treinta y cuatro, y se espera que en 2030 existan más de cuarenta.[147] A finales del presente siglo, cerca del 90 por ciento de la población mundial podría vivir en ciudades.

El poderoso magnetismo de las ciudades seguirá atrayendo a una parte importante de la población hacia ellas. Pero, al mismo tiempo, las ciudades dejarán de tener un único centro neurálgico, convirtiéndose en policéntricas, verdaderos clústeres urbanos donde realizaremos la mayor parte de nuestras actividades cotidianas en la proximidad de nuestro barrio. El desarrollo de la generación eléctrica distribuida facilitará este crecimiento policéfalo, en forma de «champiñones».

Las viviendas serán más amplias, aunque las familias sean más pequeñas. La eficiencia energética será uno de los criterios más importantes a la hora de elegir una vivienda. Los edificios incorporarán medidas activas para reducir el consumo de energía (como placas fotovoltaicas, bombas de calor o recuperadores de energía), pero también, con una importancia creciente, medidas pasivas para mejorar el aislamiento térmico de las viviendas y protegerse así tanto del frío como especialmente del cada vez más insoportable calor. Estándares como los del instituto alemán Passivhaus, centrado en los aspectos pasivos, se impondrán en la construcción de viviendas nuevas.

En el espacio público urbano, en las calles, la sustitución de los vehículos privados por la movilidad como servicio y el progresivo despliegue de los vehículos eléctricos y autónomos redibujarán los trazados urbanos. Los espacios públicos serán más amplios y el espacio que dejarán las plazas de aparcamiento se

147. <https://www.designingbuildings.co.uk/wiki/Megacity>.

utilizará para generalizar los carriles para bicicletas y otros vehículos individuales, como los monopatines eléctricos. La congestión del tráfico, una de las grandes bolsas de contaminación urbana, se reducirá progresivamente, gracias al menor número de vehículos en circulación. Por su parte, los contornos entre los barrios de oficinas y los residenciales se difuminarán, como también lo harán las horas punta gracias a la mayor flexibilidad de los horarios laborales.

Las ciudades nunca han sido hieráticas ni inmóviles; como decíamos al principio del capítulo, siempre han estado en movimiento. En la Roma clásica, las casas de baños se convirtieron en emblemas de la sofisticación urbana, como los restaurantes con estrellas Michelin en la actualidad. Las intrigas políticas y empresariales transcurrían dentro de las casas de baños, cuyo acceso era en muchos casos restringido, lo que las convertía en elitistas clubes sociales. Tras la caída de la población urbana, sin embargo, las casas de baños desaparecieron de las ciudades durante siglos. La apertura de Pier Head en Liverpool en 1829 marca el comienzo de un nuevo período de florecimiento urbano. Sin embargo, esta vez su éxito sería muy breve. Sucesivas epidemias de cólera azotaron varias ciudades europeas en la segunda mitad del siglo XIX: cerca de medio millón de húngaros murieron en 1873, y la ciudad alemana de Hamburgo sufrió uno de los peores episodios en 1892,[148] que transformaría desde su diseño urbano hasta la estructura del gobierno local, corrigiendo el excesivo peso que había tenido el gremio de los comerciantes hasta entonces. En la mayoría de las ciudades, los sistemas de suministros de agua potable cambiarían por completo, y los baños públicos serían sustituidos por cuartos de aseo y baño dentro de las propias viviendas.

Las ciudades son cuerpos vivos, que se adaptan a las circunstancias con una rapidez camaleónica. El cambio climático no terminará con ellas, más bien al contrario. El porcentaje de la población mundial que vivirá en ciudades seguirá creciendo, pero,

148. Evans, Richard J., *Death in Hamburg: Society and Politics in the Cholera Years 1830-1910*, Penguin Books, Londres, 2005.

en paralelo, las ciudades mutarán de aspecto, hasta parecerse muy poco a las de ahora: en este capítulo hemos buceado en el pasado para entrever algunos rasgos del futuro. Como es lógico, no todos están allí. A Henry Ford le preguntaron una vez si siempre hacía caso a sus clientes. «Si siempre lo hubiese hecho —respondió—, en lugar de un coche habría fabricado un caballo más rápido.»[149] El pasado nos puede servir como brújula, pero no deberíamos olvidar que es mucho más lo que está en el tintero que lo ya escrito, que el futuro siempre se escribe con renglones torcidos, por mucho que nos empeñemos en leer la historia en línea recta.

149. Yergin, Daniel, *The New Map: Energy, Climate, and the Clash of Nations*, Penguin Books, Londres, 2020, p. 372.

5

La política: el mundo de mañana

Tengo un alma por encima de los botones.

GEORGE ORWELL,
Que no muera la aspidistra

Madrid, 28 de noviembre de 2025 (9.15 a. m.)

Samir salió apresurado de casa. Las discusiones con su hijo se habían convertido en una especie de combate matinal, un ejercicio rutinario con el que sacudirse el sueño. La adolescencia se les estaba haciendo demasiado larga a ambos. Samir sabía que era una etapa más del oficio de ser padre, pero nunca hasta ahora había perdido los estribos. Incluso durante las peores rabietas infantiles de Rodrigo siempre había encontrado la dosis necesaria de paciencia para transmitirle sosiego. Irina lo llevaba peor entonces, aunque mucho mejor ahora. Se habían intercambiado los papeles. Tal vez en eso consistía ser padres, en ir dándose relevos.

No era un motivo concreto lo que le sacaba de sus casillas. Compartía con Rodrigo muchas aficiones: a ambos les gustaba leer, veían juntos películas y series —aunque cada vez menos—, y todavía a veces jugaban a algún videojuego. Hasta se atrevería a decir que compartían también muchos puntos de vista, por inaccesibles que sean los de un adolescente. Sus conflictos eran más de forma que de fondo. Y eso era precisamente lo que le desquiciaba. Rodrigo vivía en una especie de burbuja, siempre ausente de todas las conversaciones familiares, inmerso en la pantalla de su móvil, acaso en sus propias cavilaciones. Lo único que conseguía sacarle de ese estado letárgico era precisamente provocar a su padre. Cuando veía la oportunidad, reaccionaba con la rapidez y precisión de un francotirador. Como si su somnolencia fuese impostada y en realidad estuviese siempre alerta, olfateando la oportunidad de saltar sobre su presa.

Era esa arbitrariedad caprichosa que consumía a Samir la que se convertía en hiriente. Todavía inmerso en emociones contrapuestas, Samir aceleró el paso: estaba satisfecho de haber plantado cara a las impertinencias de su hijo, pero sentía una punzada de culpabilidad presionándole el estómago, había estado demasiado cerca de hacer algo de lo que se habría arrepentido; se sentía agitado, pero a la vez exhausto. Volvió a acordarse del café. En otro tiempo, habría encontrado en la cafeína el antídoto contra aquel humor. Recordó entonces que Winston Smith, el protagonista de *1984*, también añoraba el aroma estimulante del café. Que el sucedáneo que podían comprar los miembros del Partido, el «café victoria», era insípido, como casi todo lo demás. Pensó que debería haber citado a Orwell en lugar de a Proust delante de su hijo. El primero todavía estaba entre las lecturas obligatorias del instituto. Le constaba que Rodrigo lo había leído, él mismo le había regalado el pasado verano una de sus novelas, *Que no muera la aspidistra*, cuando a Rodrigo le ofrecieron sus primeras prácticas, por supuesto no remuneradas, y su primera reacción fue rechazarlas, en un arrebato de dignidad adolescente. A Proust, en cambio, ya no lo leía nadie. En realidad, recordó Samir con media sonrisa, Proust tampoco estuvo entre sus lecturas escolares. Él leyó *En busca del tiempo perdido* ya de adulto, y aunque disfrutó de muchas partes de la novela, le costó atravesar otros pasajes, la narración era a veces confusa y reiterativa. Citaba generosamente a Proust sin desvelar estas dudas.

Había adoptado la pose de ser uno de sus más incondicionales lectores.

Miró su reloj inteligente: iba tarde. Tenía que andar más deprisa. No tenía hora de entrada, ni siquiera tenía que ir a la oficina todos los días, pero debía trabajar al menos ciento ochenta horas cada mes. A punto de acabar noviembre, aquel mes iba un poco justo. Tendría que quedarse hasta tarde varios días de esa semana para superar el mínimo de horas en al menos un 10 por ciento, lo que se esperaba para alguien de su experiencia y nivel salarial. En otro tiempo, habría cogido el coche para ganar tiempo, pero hacía ya muchos años que no tenían uno propio. Tal vez podía pedir un Uber, pensó instintivamente. Volvió a mirar el dispositivo de su pulsera: la aplicación Radar CO_2, siempre abierta, le confirmó sus temores. Su cupo de emisiones para ese mes se había agotado. El trayecto a la oficina no era muy largo, en condiciones normales un Uber costaba alrededor de cinco euros, dependiendo del tráfico. Pero, al sobrepasar el cupo de CO_2, el precio se disparaba. Tendría que pagar más de cincuenta euros por el trayecto. No merecía la pena. Malditos viajes en avión. Cada vez que utilizaba uno, lo pagaba el resto del mes, apenas podía usar otro medio de transporte que no fuese la bicicleta. O ir andando. No es que le disgustase hacerlo, al contrario: a finales de noviembre, la temperatura en Madrid era muy agradable, salvo por las frecuentes lluvias. El otoño se había convertido en una especie de primavera. El problema era en junio o julio, entonces siempre llegaba empapado en sudor a la oficina. Por eso, durante los meses centrales del año, casi todo el mundo trabajaba desde casa. Esta vez el problema no era el calor: simplemente tenía prisa.

Volvió a pensar en Rodrigo. ¿Qué era lo que alimentaba aquella pira de rencor? Su hijo le culpaba de casi todos los males planetarios. El hambre, las guerras, la desigualdad, el cambio climático. Se resistía a bajar la cerviz y aceptarlo. ¿Acaso había tenido él la opción de vivir de otra manera? ¿Alguien le había preguntado? ¿Había podido elegir conducir un coche que no contaminase, utilizar sólo energía «limpia»? Si hacía un esfuerzo de introspección, podía reconocer algunos excesos. Aquellos vuelos *low cost* Madrid-Londres a veinte euros, por ejemplo. Siempre intuyó que aquello era como un banquete pantagruélico, que antes o después llegaría la medianoche y se echaría el cierre a la fiesta. Pero poco más se podía reprochar a sí mismo. Los jóvenes recriminaban a sus padres haberse comportado como chimeneas andantes. ¿Pero acaso habían decidido algo más que apretar el interruptor? ¿Tuvieron en algún momento control sobre cómo y dónde se producía la electricidad, por ejemplo? Y si tantos agravios acumulaban, ¿por qué no se hacían oír? Rodrigo ni se había molestado en votar, después de que se redujese la edad mínima hasta los dieciséis años. Tanto tiempo pontificando sobre el abandono de la juventud por parte de los políticos («desfranquiciados» decía a veces, empleando ese horrible anglicismo comercial) para después desentenderse por completo.

Y después estaba toda esa cursilería de que les «habían ordeñado el futuro». Él había hecho cinco mil kilómetros en los bajos de un camión. Rodrigo dejaba de respirar si se caía el wifi en casa, cuando sucedía parecía a punto de perder el conocimiento. Él también tenía la sensación de que le habían ordeñado, pero no el futuro, sino el pasado. Que se estaba reconstruyendo todo lo pretérito, cargando las tintas sobre su generación, endosándoles todos los mochuelos.

Volvió a pensar en *1984*. Cuando Winston Smith y Julia se reúnen con O'Brian, a quien entonces creen uno de los líderes de la hermandad secreta, de la resistencia. O'Brian llena las copas de vino (otro sabor casi olvidado en la novela) y propone un brindis: «¿Por la muerte del Gran Hermano? ¿Por la humanidad? ¿Por el futuro?», pregunta. «No —responde Winston—. Por el pasado. El pasado es más importante.»

Por el pasado, piensa Samir. «Quien controla el pasado controla el futuro. Y quien controla el presente controla el pasado.» Volvió a acelerar el paso. A veces tenía le sensación de que alguien le seguía. Tenía que andar más deprisa. «El mundo de ayer —se quedó pensando—. El de hoy. Y, sobre todo, el mundo de mañana.»

A mediados de la década de los ochenta, Rafe Pomerance, uno de los medioambientalistas más influyentes de Estados Unidos, primero director de la organización Amigos de la Tierra y después del World Resources Institute, dedicaba sus esfuerzos a una campaña propia del mismísimo Sísifo: convencer a congresistas y senadores de ambos lados del espectro político de la amenaza del cambio climático y de la necesidad de actuar de forma inmediata. Al reunirse con Curtis Moore, un asesor republicano del Comité de Medio Ambiente del Senado, recibió una respuesta que no esperaba: «El calentamiento global es un desafío existencial, pero no es un problema político». ¿Cómo? Lo habitual era que Pomerance escuchase lo contrario, que le discutiesen la relevancia científica del cambio climático, no la política. Esta vez le decían que la evidencia era lo de menos. Que el problema era otro. Moore siguió razonando: «Los problemas políticos deben tener soluciones. Y el cambio climático no la tiene. Sin una solución al alcance de la mano, cualquier respuesta está condenada al fracaso. Y ningún responsable político va a querer situarse cerca de un fracaso seguro».[150]

¿Es éste el problema del cambio climático, su inevitabilidad?

150. Rich, *Losing Earth*, *op. cit.*, cap. 12.

¿La convicción de que, hagamos lo que hagamos, la suerte está echada? Ése es el argumento de la película *Earth 2100 Lucy's Story*: Lucy nace en 2009 en Miami, de donde tiene que emigrar siendo todavía una niña como consecuencia de un devastador huracán. Se traslada junto a su familia a San Diego, donde transcurre su adolescencia mientras se agrava la escasez de agua, hasta convertirse en una cuestión de supervivencia. A partir de 2050, la historia da un giro respecto a las habituales historias de apocalipsis climático: Lucy se traslada junto a su hija Molly a Nueva York, que para entonces se ha convertido en un oasis verde: toda la electricidad es de origen renovable, las zonas con vegetación se han multiplicado y los neoyorquinos viven obsesionados con el respeto al medio ambiente. Desgraciadamente, ya es demasiado tarde. El CO_2 acumulado en la atmósfera durante las décadas anteriores provoca que el permafrost del Ártico se derrita. El deshielo abrupto provoca una reacción climática en cadena: de golpe, se expulsa a la atmósfera el equivalente a entre cinco y diez años de emisiones mundiales, ya que el metano acumulado bajo los lagos helados es un gas de efecto invernadero mucho más potente (hasta veinticinco veces más) que el CO_2.

¿Y si efectivamente ya es demasiado tarde y no hay nada que podamos hacer para detener el cambio climático? Algunas voces, como, por ejemplo, la del escritor Jonathan Franzen,[151] se han sumado a esta tesis desde posiciones «hiperecologistas». Piensan que el cambio climático es una amenaza imposible de evitar, una guerra perdida, y que los esfuerzos deberían centrarse en la preservación de la flora y la fauna o el paisaje. La mayoría de estos pesimistas irredentos, sin embargo, provienen del extremo contrario: son los mismos que hasta hace poco negaban la propia existencia del cambio climático o los que, después, ponían en duda las raíces antropogénicas del mismo. Por ejemplo, éste ha

151. Franzen, Jonathan, «Carbon Capture», *The New Yorker*, 30 de marzo de 2015. Véase: <https://www.newyorker.com/magazine/2015/04/06/carbon-capture>. «What if We Stopped Pretending?», *The New Yorker*, 8 de septiembre de 2019. Véase: <https://www.newyorker.com/culture/cultural-comment/what-if-we-stopped-pretending>.

sido el camino recorrido por el expresidente de Estados Unidos Donald Trump, quien primero definió el cambio climático como un «camelo», después diluyó la responsabilidad de la acción humana entre «muchos otros motivos», para finalmente señalar que el calentamiento global puede ser «imposible de detener».[152] Seguramente, una de las razones de los vaivenes de Trump fue la creciente atención dedicada a la cuestión climática: si en los debates presidenciales de 2012 no hubo una sola pregunta sobre el mismo, y en los debates de 2016 el clima apenas absorbió cinco minutos de discusión, en 2020 la cadena CNN organizó un especial de siete horas enteramente dedicado al calentamiento del planeta.[153]

A lo largo del este libro hemos defendido una posición diferente: la evidencia científica sugiere que, aunque la ventana de oportunidad se está cerrando rápidamente, todavía estamos a tiempo, al menos, de evitar los escenarios más catastróficos del cambio climático. Se precisan muchos esfuerzos para lograrlo: gigantescas inversiones, un desarrollo tecnológico sin precedentes, el compromiso continuo de los Gobiernos y la concienciación y el cambio en el comportamiento de los ciudadanos. Una tarea hercúlea, pero todavía factible.

Describir como titánica esta tarea no debería confundirse con el pesimismo paralizante de quienes abogan por bajar los brazos. Pero tampoco con un optimismo candoroso. Quizá la mejor forma de resumir el punto intermedio es mediante la conocida máxima gramsciana: «Pesimismo de la inteligencia, optimismo de la voluntad». Porque, si bien necesitamos una dosis de voluntarismo, no podemos obviar las serias dificultades de esta empresa ni dejar de reconocer que algunas manifestaciones del

152. Mackey, Robert, «Trump and Putin Could Form "Axis of Mass Destruction" on Climate, French Minister Fears», *The Intercept*, 1 de junio de 2017. Véase: <https://theintercept.com/2017/06/01/trump-putin-form-axis-mass-destruction-climate-french-minister-fears/>.

153. Figueres, Christiana, y Tom Rivett-Carnac, *The Future We Choose: Surviving the Climate Crisis*, Knopf, Nueva York, 2020. Versión castellana de Pablo José Hermida Lazcano, *El futuro por decidir: Cómo sobrevivir a la crisis climática*, Debate, Barcelona, 2021.

cambio climático serán inevitables, que sus efectos se dejarán sentir en muchos aspectos de nuestra vida cotidiana.

Las relaciones internacionales

Empecemos el análisis político de arriba abajo, por el ámbito internacional, para movernos después al doméstico. ¿Cómo va a cambiar el cambio climático las relaciones entre países? No es casualidad que las grandes transformaciones en el sector energético hayan coincidido a lo largo de la historia con las principales transiciones geopolíticas. El ascenso de Gran Bretaña en el siglo XIX fue paralelo al crecimiento del carbón en la matriz energética, mientras que el de Estados Unidos en el siglo XX se produjo junto con el del petróleo. Ya hemos hecho referencia a los esfuerzos de China por posicionar sus empresas en sectores como las tecnologías renovables, el almacenamiento eléctrico o las redes de interconexión, lo que ha llevado a hablar de la formación de un «electroestado» chino, en contraposición a los «petroestados». Éste es, sin duda, uno de los primeros efectos del cambio climático: conforme el petróleo y el resto de los combustibles fósiles pierdan protagonismo, algunas regiones que han sido protagonistas de las relaciones internacionales durante el último siglo, como Oriente Medio, perderán importancia geopolítica.

¿No es eso positivo? Según se mire. Como en todos los grandes cambios, los riesgos más agudos están en las transiciones. Los petroestados, aquellos países cuyas economías se concentran en los combustibles fósiles, pueden sufrir tensiones fiscales que provoquen brotes de inestabilidad social o política. Los potenciales episodios de volatilidad extrema en Oriente Medio, pero también en América Latina (en países como Bolivia, Ecuador o Venezuela) o África (Nigeria, Angola o Mozambique) serán uno de los elementos clave en el nuevo mapa de riesgo geopolítico.[154]

Otra derivada del nuevo escenario de las relaciones energéti-

154. Tapia, Isidoro, «La rivalidad estratégica entre China y EE. UU. en el área de la energía», en *Energía y Geoestrategia 2020*, Ministerio de Defensa,

cas internacionales es que la competencia por los recursos primarios (como petróleo crudo o gas natural) dará paso a una mayor competencia por las tecnologías. De ahí precisamente el empeño de las empresas chinas en participar en la carrera tecnológica, aunque al mismo tiempo el Estado chino ha tenido una agresiva política comercial de aprovisionamiento de recursos en África o América Latina. A menudo se dice que las tecnologías viajan con más facilidad que los barriles de petróleo y que, por tanto, la sustitución de combustibles fósiles por fuentes renovables se traducirá en un menor riesgo geopolítico global.

Estas conclusiones, sin embargo, podrían estar pecando de un excesivo optimismo.[155] No es tanto que los riesgos serán más o menos graves, sino que serán diferentes. Sobre las tecnologías, el riesgo de interrupción del suministro en cuellos de botella —típico escenario en el aprovisionamiento de recursos— es efectivamente menor, pero existen otros, como una mayor vulnerabilidad en red, la víctima preferida de los ataques cibernéticos, mayor dificultad para proteger los derechos comerciales y de propiedad (aunque la propiedad de los barriles del subsuelo tampoco ha estado exenta de problemas) o la protección de la privacidad de los usuarios. Ocurre, además, que la interdependencia entre los países tiene dos caras. Una excesiva dependencia puede ser tan peligrosa como lo contrario. El suministro energético desde regiones políticamente inestables, como Oriente Medio o Rusia, implica una alta vulnerabilidad. Pero, al mismo tiempo, las infraestructuras de interconexión, como los oleoductos o gasoductos, actúan como grilletes entre los países, alineando sus intereses en una misma dirección. Si Rusia no ha roto del todo sus relaciones con la Unión Europea en los últimos años, o si la mayoría de los países de Oriente Medio ha resistido la presión de los grupos islamistas más radicales, se ha debido precisamente al poderoso anclaje de las relaciones comerciales con Occidente,

Madrid, 2020, pp, 45-104. Véase: <http://www.ieee.es/Galerias/fichero/cuadernos/Energia_y_Geoestrategia_2020.pdf>.

155. IRENA, *A New World. The Geopolitics of the Energy Transformation*, IRENA, 2019.

principalmente de hidrocarburos. La mayor independencia energética podría tener un efecto contrario al esperado: multiplicar los episodios de inestabilidad al romper las amarras entre consumidores y productores.

No sólo en las relaciones internacionales se peca a veces de optimismo. Existe lo que podríamos llamar la «falacia de la abundancia»: de tanto señalar las oportunidades de la «transición verde», se acaban fabricando realidades que no están al alcance de la mano. Los defensores del denominado *Green New Deal*, como Nicholas Stern, han señalado, con acierto, las inmensas necesidades de inversión necesarias para completar la transición hacia una economía baja en carbono. Pero dejándose llevar por un poco razonado optimismo, otras voces han ido mucho más lejos, convirtiendo el cambio climático en una especie de bálsamo de Fierabrás, una palanca para resolver todas las injusticias planetarias. Autores como Peter Newell[156] han señalado las oportunidades que abre la transición ecológica para «reconstruir el orden político liberal»; más escorados todavía, otros apuntan directamente a la posibilidad de aprovechar el Pisuerga del cambio climático para sacar la paleta de la ingeniería social y transformar de arriba abajo el capitalismo, hasta salvarlo de sí mismo. Según Naomi Klein, por ejemplo, el «cambio climático es una batalla entre el capitalismo y el planeta».

En el extremo contrario, están quienes describen el cambio climático como un retorno a la selva hobbesiana, una feroz lucha de todos contra todos. Anatol Lieven,[157] por ejemplo, defiende que sólo el nacionalismo puede salvar a los países del cambio climático, activando el instinto de supervivencia de los tradicionales Estados-nación.

Entre unos y otros, parece inevitable que en los próximos años el cambio climático ocupe parcelas cada vez más amplias del debate público. Un primer efecto, ya evidente, es el creciente pro-

156. Newell, Peter, *Global Green Politics*, Cambridge University Press, Cambridge, UK, 2019.

157. Lieven, Anatol, *Climate Change and the Nation State*, Penguin Books, Londres, 2021, p. 93.

tagonismo de los partidos verdes en Alemania, Francia o los países nórdicos. Además de recibir un mayor apoyo electoral, los partidos verdes han roto el cascarón que los encasillaba en la izquierda, multiplicando sus oportunidades para pactar a ambos lados del espectro político. Las elecciones generales en Alemania a finales de 2020, por ejemplo, si se cumplen las encuestas, podrían alumbrar una coalición de gobierno entre conservadores y verdes o incluso por primera vez un canciller del partido verde, que sería una novedad en el panorama político europeo.

Sin embargo, el mayor protagonismo de los partidos verdes es seguramente sólo un efecto transitorio. Como veremos a continuación, la cuestión climática tiene profundas raíces no sólo entre los partidos de izquierda, sino también entre los conservadores. Lo previsible es que, en los próximos años, conforme los efectos del cambio climático se hagan más evidentes, la protección del medio ambiente se «transversalice», incorporándose al programa de los partidos de todo el espectro político. La discusión se centrará menos en el qué (en si existe o no el cambio climático) y empezará a hacerlo en el cómo. ¿Será entonces un cambio a mejor en la discusión política? De nuevo puede ser precipitado dejarse llevar por el optimismo: porque, aunque dejaremos de discutir sobre el qué del cambio climático, seguiremos discutiendo sobre el qué de muchas otras cosas. En el resto del capítulo, argumentaremos que el calentamiento global avivará algunos de los debates más sensibles en nuestras sociedades, como el papel del Estado, la inmigración, la brecha generacional o la desigualdad. ¿Cómo se verán afectados todos ellos por los efectos del cambio climático descritos en los capítulos anteriores?

La trinchera infinita: ¿conservador o progresista?

¿Son más ecologistas los partidos conservadores o los progresistas? ¿Se puede ser verde y al mismo tiempo de derechas? ¿Hay alguna relación entre la adscripción ideológica y la importancia que se atribuye al cambio climático?

La respuesta, como casi siempre, admite muchos matices. El

índice CCPI valora el compromiso contra el cambio climático de los diferentes países en un amplio rango de políticas:[158] lo lideran dos países nórdicos, Suecia y Dinamarca (actualmente gobernados por partidos socialdemócratas, pero que han tenido hasta hace poco largos mandatos conservadores). Las sorpresas empiezan a continuación: en tercer lugar se encuentra Marruecos, seguido por Reino Unido, Lituania y Finlandia. Todos ellos tienen en la actualidad Gobiernos conservadores. La Unión Europea no aparece hasta el puesto 22, y España, hasta el 34. La clasificación la cierran (sin que pueda causar asombro) Estados Unidos y Arabia Saudí, que ostentan así el dudoso honor de ser señalados como los países menos comprometidos en la lucha contra el cambio climático.

Si echamos la vista atrás, la historia también resulta ambigua para clasificar como de izquierdas o de derechas las políticas de protección del medio ambiente. Edmund Burke, uno de los padres filosóficos del conservadurismo moderno, es al mismo tiempo una de las raíces intelectuales del ambientalismo. Es famosa su cita en la que antepone el respeto al medio ambiente a la fuerza motriz del capitalismo, la búsqueda de la ganancia: «La Tierra, la madre amorosa e imparcial de todos, no debe ser monopolizada para fomentar el orgullo y el lujo de ningún hombre».[159] También definió la sociedad como «una comunidad no sólo de los vivos, sino que también forman parte de ella los muertos y los que aún no han nacido».[160] El propio Adam Smith, en su *Teoría de los sentimientos morales*, construye, a través del «espectador imparcial» y el valor intrínseco, varios de los rudimentos filosóficos de la ética ambientalista.

En el terreno político encontramos también muchas huellas conservadoras. Al presidente Theodore Roosevelt, del Partido Republicano, se le considera el padre político del ambientalismo en Estados Unidos: suya fue la iniciativa de crear el sistema de parques nacionales, y su mandato se caracterizó por la preocupa-

158. <https://www.climate-change-performance-index.org/>.
159. Burke, Edmund, *Reflexiones sobre la Revolución francesa*, 1792.
160. Ibídem.

ción por la sostenibilidad de la explotación de los recursos naturales del país. Años más tarde tendría lugar el verdadero despegue del ecologismo, durante el régimen nazi en Alemania. Los nazis practicaban el conservacionismo y la agricultura ecológica. La ley de conservación natural aprobada en 1935 (*Reichsnaturschutzgesetz*) fue una norma pionera en la protección de la naturaleza y de las especies animales.[161]

Ninguna de estas referencias debería causar sorpresa. Durante mucho tiempo, el movimiento ecologista se articuló en torno a dos principios de raíz fundamentalmente conservadora: el principio de escasez y el de precaución.

El principio de escasez lo formuló el economista Kenneth Boulding a mediados de los años sesenta,[162] en su famoso ensayo sobre la «nave espacial Tierra»: en él contrapone la «economía abierta» del pasado con la «cerrada» del futuro. La primera vivía bajo la ficción de los recursos ilimitados. En la segunda, el hombre ha descubierto el carácter finito de los recursos y debe actuar como si viajase en una nave espacial. Para sobrevivir, debe reutilizar los recursos naturales. Es lo que ahora llamamos «economía circular».

A Boulding le seguirían autores como Paul R. Ehrlich,[163] Barnett y Morse,[164] y la obra colectiva *Los límites del crecimiento*,[165] un informe encargado al MIT por el Club de Roma y publicado en 1972. Entre todos cincelaron el corpus doctrinal ecologista predominante desde los años sesenta, que se caracteriza por una

161. Tapia, Isidoro, «¿Nos hemos vuelto demasiado optimistas con las políticas climáticas?», *El Confidencial*, 24 de octubre de 2020. Véase: <https://blogs.elconfidencial.com/espana/desde-fuera/2020-10-24/nos-hemos-vuelto-demasiado-optimistas-con-las-politicas-climaticas_2804416/>.

162. Boulding, Kenneth, «The Economics of the Coming Spaceship Earth», 1966. Véase: <http://www.ub.edu/prometheus21/articulos/obsprometheus/BOULDING.pdf>.

163. Ehrlich, Paul R., *The Population Bomb*, Sierra Club/Ballantine Books, Nueva York, 1968. Versión castellana de Carme Batlle, *La explosión demográfica. El principal problema ecológico*, Salvat Editores, Barcelona, 1993.

164. Barnett, Harold J., y Chandler Morse, *Scarcity and Growth*, The Johns Hopkins University Press, Baltimore, MD, 1963.

165. Meadows, Donella H.; Dennis L. Meadows; Jørgen Randers, y William W. Behrens III, *The Limits to Growth*, Fall Church, VA, 1972.

misma inspiración neomalthusiana: el planeta se encontraba amenazado por la sobreexplotación de los recursos naturales, debido al crecimiento desaforado de la oferta tras las revoluciones industriales y el paralelo de la demanda, alimentado primero por la receta keynesiana para salir de la Gran Depresión («cebar la bomba») y después por la llamada sociedad de consumo, para sus críticos una simple estrategia de propaganda de Occidente en su sorda batalla contra el bloque soviético durante la guerra fría.

Del mismo modo que las teorías maltusianas siempre han tenido más predicamento en la filosofía política conservadora, también tiene una inspiración conservadora el segundo principio nuclear del ecologismo: el principio de precaución. El objetivo último del ecologismo, viene a decir, es evitar que se materialicen los escenarios más adversos. El ecologismo vendría a ser como el padre hiperprotector de Jonathan Haidt,[166] aquel que quiere resguardar a sus hijos de todos los posibles peligros.

Debido a la predominancia del principio de precaución, las posiciones ambientalistas de la segunda mitad del siglo XX eran eminentemente conservacionistas, con el objetivo, como su propio nombre indica, de conservar el planeta, aunque fuera a costa del bienestar de sus habitantes. No hace falta detenerse mucho en la etimología común que comparten los términos *conservacionista* y *conservador*.

El principio de precaución y el conservacionismo explican, por ejemplo, una postura tradicional ecologista que a menudo se le reprocha como contradictoria: su oposición a la tecnología nuclear para usos civiles, seguramente lo más cerca que ha estado la humanidad de desarrollar una tecnología «limpia» de aprovechamiento masivo a gran escala.

Merece la pena detenerse brevemente en la oposición al desarrollo nuclear, porque en ella confluyeron movimientos de izquierda y partidos conservadores. En el contexto de las batallas culturales de la época, la oposición a la carrera nuclear durante

166. Lukianoff, Greg, y Jonathan Haidt, *The Coddling of the American Mind*, Penguin Books, Londres, 2018.

la guerra fría se extendió de forma natural, casi por ósmosis, a su utilización para fines civiles, por mucho que el presidente Eisenhower hubiese separado ambas en su famoso discurso ante las Naciones Unidas.[167] En ese contexto, las formaciones de izquierda asumieron rápidamente los postulados antinucleares.

También los movía una inspiración neomalthusiana: apenas cinco gramos de uranio liberan una cantidad de energía equivalente a la de una tonelada de carbón o quinientos litros de petróleo.[168] Un sistema energético basado en la energía nuclear se caracteriza por la abundancia, por la ausencia de límites. Exactamente lo contrario a la tesis del agotamiento de los recursos defendida por el Club de Roma.

A su vez, los partidos conservadores miraban también con natural recelo los mastodónticos programas de desarrollo industrial nuclear, dopados con ayudas y garantías estatales. Tras los accidentes de Three Mile Island en Pensilvania (1979) y de Chernóbil en Ucrania (1986), junto con la fuerte caída de los precios del petróleo, se paralizaron los grandes programas de desarrollo nuclear, incluido el español. La oposición al desarrollo nuclear se había hecho generalizada, a ambos lados del espectro político: en la década de los sesenta, apenas un 12 por ciento de los proyectos de construcción de nuevas plantas nucleares en Estados Unidos acabó en los tribunales. En la década de los setenta, ese porcentaje se había incrementado hasta el 75 por ciento.[169]

El ecologismo conservador y el conservacionismo de izquierdas vivieron de la mano esta evolución doctrinal del ambientalis-

167. <https://www.eisenhowerlibrary.gov/research/online-documents/atoms-peace#:~:text=In%20his%20Atoms%20for%20Peace,into%20a%20benefit%20for%20mankind.&text=From%20it%20sprang%20a%20panoply%20of%20peaceful%20atomic%20programs>.

168. <https://www.foronuclear.org/descubre-la-energia-nuclear/preguntas-y-respuestas/sobre-combustible-nuclear/cuanta-energia-en-kwh-se-extrae-de-un-kilo-de-uranio-y-que-rendimiento-tiene-cada-kilo/>.

169. Shellenberger, Michael, *Apocalypse Never: Why Environmental Alarmism Hurts Us All*, Harper, Nueva York, 2020. Versión castellana de Aurora González Sanz, *No hay apocalipsis: Por qué el alarmismo medioambiental nos perjudica a todos*, Deusto, Barcelona, 2021.

mo. Cuando en noviembre de 1989 la primera ministra británica Margaret Thatcher se dirigió a la Asamblea de Naciones Unidas, no fue una sorpresa que arrancase con estas palabras: «De todos los desafíos que enfrenta la humanidad, hay uno que en los últimos años ha crecido más que ningún otro, tanto en urgencia como en importancia: me refiero a la amenaza sobre el medio ambiente».[170] El periódico *The New York Times* llevaría a su portada del día siguiente a la Dama de Hierro acompañada del siguiente titular: «Thatcher hace un llamamiento a un pacto global sobre el clima».[171] Aquel discurso fue el pistoletazo de salida a la negociación climática internacional, que cobraría forma en la declaración de Río de Janeiro y el posterior Protocolo de Kioto.

En las elecciones presidenciales de Estados Unidos de 1988, de hecho, el candidato republicano George H. W. Bush se había declarado sin ambages como «ecologista», contraponiéndose así al candidato demócrata Michael Dukakis, una de cuyas principales propuestas era incentivar fiscalmente la producción nacional de petróleo y de carbón para cubrir las necesidades energéticas del país.

El conservacionismo y el respeto al medio ambiente encajaban perfectamente en la tradición conservadora: el conservacionismo idealizaba la vida rural como el camino hacia la salvación individual y colectiva. Las ciudades eran cárceles de contaminación, consumo superfluo, lujo y lujuria, frente al bucólico campo, relicario de las esencias perdidas. El pensador británico Roger Scruton lo resumiría así: «No hay una causa política más cercana a la visión conservadora que la del medio ambiente. Porque toca las tres ideas fundacionales de nuestro movimiento: la lealtad entre generaciones, la prioridad de lo local y la búsqueda de un hogar».[172]

170. <https://www.margaretthatcher.org/document/107817>.

171. <https://www.nytimes.com/1989/11/09/world/thatcher-urges-pact-on-climate.html>.

172. Lieven, *Climate Change and the Nation State, op. cit.*

El «Contrato con América» de Newt Gingrich y el negacionismo climático

¿Cuándo, entonces, se produjo la ruptura entre el movimiento conservador y las políticas medioambientales? ¿Cuándo empezó el ecologismo a convertirse en una de las banderas de los partidos de izquierda? Detengámonos en el ecuador del primer mandato de la presidencia de Bill Clinton. En concreto, en el año 1994. De cara a las elecciones legislativas de ese año, el entonces líder republicano en el Congreso, Newt Gingrich, elaboró un programa, conocido como «Contrato con América», que abogaba por disminuir drásticamente el papel del Estado. Gingrich presentaba el Estado como un asfixiante Leviatán, cuyo peso estaba aplastando el espíritu emprendedor estadounidense. El programa republicano no era completamente nuevo, sino que bebía de la plataforma electoral que con tanto éxito había utilizado el presidente Reagan en la década de los ochenta (cuyo protagonismo durante la contienda electoral, sin embargo, nunca sería el mismo bajo su presidencia, al contrario de lo que sucedió en el Reino Unido durante el mandato de Thatcher), a su vez inspirada, a través de un «puente invisible»,[173] con el movimiento de base que aupó a la candidatura presidencial republicana al senador Barry Goldwater en 1964, una pulsión ácrata que años después volvería a reencarnarse en el Tea Party, una especie de genio dormido dentro del Partido Republicano, siempre presto a salir de la botella y apoderarse del cuerpo político conservador, después de haber dominado su alma.

El «Contrato con América» de Gingrich fue un éxito electoral inapelable: por primera vez en más de cuarenta años, el Partido Republicano alcanzaba la mayoría en ambas cámaras, condicionando desde entonces el resto de la presidencia de Clinton. Poco después se aprobaría el Protocolo de Kioto, firmado por Clinton pero nunca ratificado por el Senado. El presidente ni se molestó

173. Perlstein, Rick, *The Invisible Bridge: The Fall of Nixon and the Rise of Reagan*, Simon & Schuster, Nueva York, 2014.

en solicitar su ratificación a las cámaras legislativas. Allí mandaba Gingrich.

En este contexto, se empieza a abrir una brecha política en torno al medio ambiente. Los republicanos priorizan su batalla por «adelgazar» el Estado sobre la conservación del medio ambiente: las regulaciones medioambientales se convierten en un ejemplo más de la maraña intervencionista que asfixia la libertad de empresa y el emprendimiento de los estadounidenses. Uno de los factores clave en la victoria republicana en 1994 había sido precisamente el anuncio del presidente Clinton de un impuesto energético para cumplir con los objetivos climáticos derivados de la Cumbre de Río de 1992 (antecedente de Kioto). A la fuerte campaña republicana en contra, se unieron congresistas y senadores demócratas de Estados petrolíferos y carboneros. La cultura del negacionismo climático, extraña al código genético del Partido Republicano, empieza a brotar con fuerza como efecto secundario de la batalla principal que se libra sobre el tamaño del Estado. En los setenta, el ecologismo había sido compatible con defender un menor papel del Estado, como la oposición a los grandes proyectos de desarrollo nuclear; en los noventa, estas dos posturas se convierten en contradictorias.

La pulsión de Goldwater, el entusiasmo de las bases que auparon a Reagan y la fijación obsesiva de Newt Gingrich volverían con renovada furia durante la campaña electoral de 2008, tras la elección de la gobernadora de Alaska Sarah Pahlin como candidata republicana a la vicepresidencia y la formación del movimiento del Tea Party, que en los siguientes años se apoderaría de la agenda del Partido Republicano, cobrando especial protagonismo *think tanks* con una posición negacionista respecto al cambio climático, como la Heritage Foundation (financiada por los hermanos Koch), Americans for Tax Reform, de Grover Norquist, y el Cato Institute.

El ecologismo pasó de formar parte de la tradición conservadora a apretar simultáneamente todos los botones rojos: la masiva intervención estatal, la asimetría en las relaciones comerciales internacionales al imponer cargas excesivas en los países desarrollados, lo que provocaba una fuga de industrias hacia países como China, o el escepticismo frente a la cooperación global a nivel internacional. Exactamente al contrario sucedía en la izquierda, donde la lucha contra el cambio climático se envolvió en banderas propias como la regulación de los mercados, la ayuda al desarrollo y la cooperación internacional. Conforme los principios de escasez y precaución perdían importancia dentro del ecologismo, sus conexiones sanguíneas con la filosofía conservadora se debilitaban. Estos principios han dado paso en los últimos años a un cierto optimismo tecnológico, que confía en la capacidad de innovación para resolver los desafíos del calentamiento global. No por casualidad, voces autorizadas como la de Steven Pinker o Bill Gates[174] han vuelto a situar la tecnología nuclear dentro de la paleta de posibles soluciones tecnológicas para frenar el calentamiento del planeta.

Es a partir de este punto de inflexión cuando se produce una identificación cada vez más estrecha entre la afiliación política y la posición sobre el cambio climático: mientras más del 75 por ciento de los votantes demócratas declaran que el cambio climático debería ser la principal prioridad para las autoridades, este porcentaje se reduce al 25 por ciento entre los republicanos.[175] Apenas un 14 por ciento de los votantes que se identifican como republicanos conservadores cree que la acción humana es un factor importante en el cambio climático, frente a un 84 por ciento de los demócratas liberales (el ala izquierda del Partido Demócrata).[176] Un 90 por ciento de los demócratas cree que el Gobierno federal está haciendo «demasiado poco» para frenar

174. Gates, *How to Avoid a Climate Disaster*, *op. cit.*

175. Popovich, Nadja, «Climate Change Rises as a Public Priority. But It's More Partisan Than Ever». *The New York Times*, 20 de febrero de 2020. Resultados similares se encuentran por ejemplo en Matthew J. Kotchen, «A view from the United States», en Barrett, Scott; Carlo Carraro, y Jaime de Melo (eds.), *Towards a Workable and Effective Climate Regime*, CEPR Press, Londres, 2015, pp. 143-152.

176. Funk, Cary, y Meg Hefferon, «U.S. Public Views on Climate and Energy», Pew Reasearch Center, 25 de noviembre de 2019. Véase: <https://www.pewresearch.org/science/2019/11/25/u-s-public-views-on-climate-and-energy/>.

el cambio climático, frente a apenas un 40 por ciento entre los republicanos. Las diferencias entre unos y otros no han dejado de crecer en los últimos años.

En España, en noviembre de 2018, el CIS incluyó en su barómetro mensual varias preguntas sobre el cambio climático.[177] Las respuestas reflejaban una realidad menos polarizada que en Estados Unidos: el 75 por ciento de los votantes del PP se declaraban convencidos de la existencia del cambio climático, no lejos del 83 por ciento de los votantes del PSOE. Sin embargo, estos resultados son anteriores a la irrupción de Vox en el escenario político español, una formación que en varias ocasiones ha manifestado su «escepticismo climático», en clara imitación a la postura seguida por el Partido Republicano en Estados Unidos en los últimos años.

No sería sorprendente que la mayor polarización política terminase por alcanzar también en nuestro país al cambio climático. Como se ha señalado,[178] la polarización es mucho más acusada respecto a las cuestiones identitarias (como las ideológicas o las territoriales) que respecto a políticas públicas. En las revoluciones «intenta la abstracción sublevarse contra lo concreto», decía Ortega.[179] En la discusión política ocurre algo parecido: la discusión sube de tono en lo abstracto y baja de temperatura en lo concreto.

Podría ocurrir, sin embargo, que en España hayamos llegado tarde a este debate. Como decíamos al principio, lo previsible es que la polarización en torno al cambio climático descienda en los próximos años, conforme la evidencia de sus efectos se amontone, y los partidos políticos asuman la nueva realidad climática en sus programas. Lo que ocurrirá, sin embargo, es que el cambio climático inducirá otros debates descarnados, avivando la llama de la polarización política. El cambio climático ha dejado de ser

177. <http://www.cis.es/cis/export/sites/default/-Archivos/Marginales/3220_3239/3231/cru3231votog2016.html>.

178. Miller, Luis, «Polarización en España: más divididos por ideología e identidad que por políticas públicas», *Do Better*, 15 de octubre de 2020. Véase: <https://dobetter.esade.edu/es/polarizacion-espana>.

179. Ortega y Gasset, José, *La rebelión de las masas*, 1929.

una «política más» para convertirse en una cuestión «existencial», como le decía el asesor republicano a Rafe Pomerance al principio del capítulo. Y si la democracia es un buen sistema (o, al menos, el menos malo de los conocidos) para resolver problemas concretos, secundarios, es en cambio un sistema deficiente para resolver «problemas existenciales», aquellos que afectan a las identidades básicas. Como veremos, el cambio climático alimentará —lo está haciendo ya— varias de estas cuestiones identitarias básicas.[180] En el resto del capítulo repasaremos las cinco principales: el papel del Estado, la inmigración, el envejecimiento de la población, la desigualdad social y la privacidad.

1. El Leviatán climático

De las muchas incertidumbres asociadas al cambio climático, una de las pocas a la que podemos responder con rotundidad es que hará crecer el papel del Estado en las economías: en las próximas décadas, los Estados serán más intervencionistas, rompiendo la tendencia hacia la desregulación de las últimas décadas.

El envés de representar el «mayor fallo de mercado de la historia»,[181] como se ha definido al cambio climático, es que para corregirlo se precisa una mayor intervención del Estado. Como ha declarado la vicepresidenta española de Transición Ecológica, el objetivo es «Cambiar todas las señales regulatorias, las que afectan a empresas, a consumidores o al sector financiero, de forma que modifiquen su comportamiento y sus acciones hasta hacerlas compatibles con el respeto al medio ambiente».[182] El Leviatán climático tiene tentáculos tan largos como colosal es la empresa que aborda: transformar la práctica totalidad de los sectores productivos en apenas una década.

Los Estados tendrán un papel protagonista con independen-

180. Fukuyama, Francis, *Identity*, *op. cit.*

181. Nicholas Stern.

182. <https://elpais.com/economia/2020-12-09/hacia-una-economia-descarbonizada.html>.

cia del éxito que tengan sus políticas climáticas. Incluso si se fracasa en esta empresa colectiva, y el cambio climático termina manifestándose en toda su crudeza, también en ese caso los Estados tendrán un papel destacado en la adaptación a las nuevas condiciones climáticas. Cara: Estados más fuertes. Cruz: Estados más grandes.

No será la primera vez en la historia que el rol de los Estados sufra un movimiento pendular. Hemos hecho referencia al adelgazamiento del papel de los Estados a partir de la década de los ochenta. Antes, tras la segunda guerra mundial, se había producido un consenso político básico en torno a la construcción del estado del bienestar. En el Reino Unido, sus líneas maestras se apuntaban en el Informe Beveridge de 1942, que los laboristas implementarían tras la victoria de Clement Attlee en 1945, y los conservadores respetarían casi en su integridad tras recuperar el Gobierno en 1951.

Un mayor papel del Estado no tiene que significar necesariamente lo mismo en todos los países. El estado del bienestar de Attlee y Churchill fue muy distinto al que en paralelo se formó en Estados Unidos entre las presidencias de Roosevelt, Truman y Eisenhower, por ejemplo. De modo parecido, la construcción de la red ferroviaria en el siglo XIX, una de las obras públicas de mayor envergadura de la historia, se financió en Estados Unidos a través de la adjudicación de lotes de tierras a las compañías ferroviarias (en su mayoría arrebatadas a los indios norteamericanos), y en Gran Bretaña, a través de los recursos procedentes del comercio imperial. En cambio, en el resto de Europa y en la mayor parte de Asia se financió con deuda pública, lo que en última instancia aumentó el tamaño de los Estados para financiar las nuevas infraestructuras.

También ahora habrá diferentes grados de «intervencionismo»: en un extremo del espectro se encuentra lo que podríamos denominar el «modelo Israel». Este país es un ejemplo de hacer de la necesidad virtud: carece de recursos energéticos convencionales propios, aunque el descubrimiento de reservas de gas en los campos de Tamar y Leviatán, en la cuenca del Mediterráneo, podría revertir su situación en los próximos años. El contexto geopolítico ha tenido en Israel el mismo efecto que las condiciones naturales en Japón, como describíamos en el capítulo 2: una endémica escasez de recursos. Israel está rodeado por países vecinos que discuten su propia existencia. No es de extrañar por ello que, junto a Japón, Israel sea uno de los países más eficientes en el uso de la energía y otros recursos naturales. Es líder mundial en la conservación de agua, gracias a la utilización del riego por goteo o a la reutilización de aguas residuales depuradas en un porcentaje que alcanza el 85 por ciento, frente apenas un 30 por ciento en España y poco más de un 10 por ciento en Estados Unidos. Israel es también líder mundial en la utilización de plantas de desalinización con sistemas de ósmosis inversa, que fabrican agua apta para el consumo humano. Desde 2006 cuenta con un programa industrial (Israel New Tech) específicamente centrado en la conservación del agua y la energía, así como uno de los primeros fondos de capital semilla enteramente dedicado al sector *cleantech* (Israel Cleantech Ventures; ICV). Varias empresas israelíes son referentes mundiales en estos sectores, como Lumos Global, Grid4C o Aqwise. Gracias a la combinación de técnicas de desalinización y de aprovechamiento de la energía solar, Israel ha conseguido un hito casi milagroso: más del 60 por ciento de sus exportaciones de vegetales proceden del desierto de Arava, un lugar que hasta hace pocos años se consideraba impracticable para actividad económica alguna.[183]

No todos los países seguirán el camino de Israel. Habrá versiones incluso más duras, como la de China, cuyo direccionismo industrial hacia sectores «limpios» ha dado importantes resultados y ha situado a empresas chinas a la cabeza de algunos de los eslabones más importantes de la cadena de valor, como la fabricación de paneles fotovoltaicos, la fabricación de turbinas eólicas o las baterías de almacenamiento eléctrico. Según IRENA, China es el país con el mayor número de patentes en los sectores renovables (alrededor del 30 por ciento mundial), seguida, a

183. Klein Leichman, Abigail, «The Surprising Source of Israel's Edible Exports», *Israel21c*, 29 de mayo de 2012. Véase: <https://www.israel21c.org/the-surprising-source-of-israels-edible-exports/>.

gran distancia, por Estados Unidos (18 por ciento), Japón y la UE (14 por ciento). China ha apostado también por las infraestructuras de interconexión energética, a través de la llamada *Belt and Road Initiative*.

Otros países, en cambio, seguirán un modelo de intervención más suave, a lo «Mazzucato»,[184] donde el emprendimiento privado colaborará con programas de garantías y riesgo compartido, créditos fiscales, financiación y otras formas de apoyo público que busquen corregir el énfasis en la maximización del valor de los accionistas, orientando la actuación empresarial hacia actividades más sostenibles. Sin embargo, cuanto más tiempo transcurra, y más se cierre la ventana de oportunidad para evitar los peores escenarios del cambio climático, más complicado será que los modelos suaves a lo Mazzucato resulten suficientes, y en cambio resultarán más atractivos los modelos duros, a lo Israel o incluso al modo de China.

La transición energética es el mayor programa de transformación industrial de la historia: para cumplir con los objetivos climáticos, sectores enteros de la economía tendrán que completar una transición tecnológica casi completa en menos de una década. Después de años en los que el paradigma de la intervención pública era que «la mejor política industrial es la que no existe», en los que se discutía, normalmente de forma justificada, la capacidad de los Estados para elegir «sectores ganadores», estamos saltando hacia el extremo opuesto, o sea, ahora son estos mismos Estados los que deciden hacia qué sectores debe dirigirse el futuro industrial: en el sector eléctrico, hacia las tecnologías renovables; en el automóvil, hacia los vehículos eléctricos; en el sector financiero, evitando los riesgos climáticos y los denominados activos varados. Nunca habíamos visto un cambio de paradigma tan extremo ni tan rápido: de discutirle a los Estados su mera existencia, a entregarles las llaves de nuestro futuro industrial.

184. Mazzucato, Mariana, *The Entrepreneurial State: Debunking Public vs. Private Sector Myths*, Anthem Press, Londres, 2013. Versión castellana de Javier San Julián Arrupe, *El Estado emprendedor: Mitos del sector público frente al privado*, RBA Libros, Barcelona, 2014.

La gran contradicción durante los próximos años es que será precisamente después de sufrir una estricta dieta de varias décadas cuando los Estados acumulen, de forma súbita, más poder que nunca. Es como si a un actor le hubiésemos despojado de todos sus disfraces, sus técnicas de interpretación, su propia autoestima, para a continuación darle el papel más importante de su carrera. Lo que se exige es poco menos que un salto vertical en el conocido «pasillo estrecho» de Acemoglu y Robinson,[185] que describe el delicado equilibrio entre el poder de la sociedad y el del Estado que favorece la aparición de Estados que sean al mismo tiempo eficaces y respetuosos con las libertades, lo que los autores denominan el «Leviatán encadenado».

La pandemia de la COVID-19 podría convertirse en el catalizador que desencadene este salto del Leviatán. El mayor papel de los Estados en la gestión de la pandemia, adoptando medidas necesarias para contener la rápida propagación del virus, pero al mismo tiempo decretando restricciones de derechos y libertades con pocos precedentes en tiempos no bélicos, podría extenderse a la intervención en la actividad económica si, como parece, los efectos sobre la actividad económica son duraderos. Varios Gobiernos han señalado que la crisis económica provocada por la COVID-19 representa una oportunidad para reconstruir los sectores productivos más afectados siguiendo criterios «verdes». Los poderes exorbitantes concedidos a las autoridades durante la pandemia dejarían de ser excepcionales para convertirse en normales en cuanto a la dirección de la economía. Salvando las muchas distancias, la COVID-19 podría representar, respecto al papel de los Estados en las economías, algo parecido a lo que el 11-S representó en la vigilancia y control de sus ciudadanos; si entonces el binomio libertad-seguridad se escoró varios grados de forma permanente hacia el segundo vértice, ahora ocurriría algo parecido en la pareja desregulación-intervención económica.

La duda que persiste, volviendo al pasillo estrecho de Acemoglu y Robinson, es si las sociedades actuales son suficiente-

185. Acemoglu, Daron, y James Robinson, *El pasillo estrecho*, Deusto, Barcelona, 2019.

mente fuertes para que el salto vertical del Leviatán, el incremento del poder regulatorio estatal para luchar contra el cambio climático, no nos saque del pasillo y nos sitúe en una senda de difícil reconducción.

Es una pregunta que hemos dejado sin contestar. Por razones de espacio, durante este capítulo no se ha abordado la cuestión del papel del Estado desde un punto de vista normativo, sino descriptivo: no nos hemos preguntado cuánto más deben los Estados intervenir en las economías para abordar los retos del cambio climático ni cuáles son los riesgos aparejados. Simplemente hemos constatado que este mayor rol de los Estados será una consecuencia inevitable de la lucha contra el calentamiento global, y que, como elemento identitario en la disputa política, se convertirá en la primera de las cinco llagas de la discusión pública en los próximos años: no es una cuestión puntual ni una política pública en concreto. No se discute si hay que subir el impuesto al diésel o si el modelo de concierto de un hospital puede mejorarse. Consiste, por el contrario, en una cuestión esencial, que atañe al tuétano identitario a izquierda y derecha en la discusión política, al menos desde finales del siglo XX: las circunstancias excepcionales después de la segunda guerra mundial hicieron posible un consenso básico respecto al tamaño del Estado. A su vez, sin la caída del bloque soviético seguramente nunca se habría producido el consenso político hacia una menor intervención de los Estados a partir de la década de los ochenta. ¿Es posible ahora revivir aquellos consensos? Por desgracia, tal vez sea necesario que el cambio climático se manifieste en toda su crudeza, y la humanidad vea de cerca el abismo, como ya ocurrió durante la Gran Guerra, o el abismo simétrico, el del «fin de la historia»[186] tras la caída del bloque soviético. La experiencia durante la gestión de la pandemia de la COVID-19 no ofrece grandes augurios: los Estados mínimos no se convierten en leviatanes engrasados de la noche a la mañana, por mucho que así lo requie-

186. Fukuyama, Francis, *The End of History and the Last Man*, Free Press, Nueva York, 1992. Versión castellana, *El fin de la historia y el último hombre*, Planeta, Barcelona, 1992.

ran las circunstancias. Cuando se acelera de forma abrupta, incluso si conseguimos no salirnos de la curva, se provoca perplejidad, confusión y frustración, por ese orden, en la ciudadanía. Sólo las sociedades más fuertes son capaces de resistir un acelerón tan brusco de sus Estados.

2. La inmigración

No existe seguramente una cuestión política que despierte emociones más encontradas que la inmigración. En muchos países europeos, como Suecia, Dinamarca o Finlandia, la inmigración es ya el eje principal del debate político: los Gobiernos (de coalición en casi todos los casos) se forman según la posición que los respectivos partidos mantienen sobre la inmigración, mucho más relevante para formar mayorías que la tradicional división entre izquierda y derecha.

Algo parecido ha ocurrido en Francia: las elecciones presidenciales francesas de 2017 se dirimieron entre dos candidatos de formaciones no tradicionales (el movimiento político *En Marche*, de Emmanuel Macron, y la Agrupación Nacional, de Marine Le Pen). Ambas formaciones bebían simultáneamente de caladeros tradicionales tanto de izquierda como de derecha. Agrupación Nacional cuenta con fuertes apoyos en la Francia rural, tradicionalmente un bastión de la derecha, pero también entre los votantes «industriales» de las grandes urbes, que históricamente habían apoyado a socialistas y comunistas. Del mismo modo, Macron recibió apoyos procedentes de ambos lados del espectro político. En lugar de clasificar a Macron y Le Pen siguiendo las coordenadas tradicionales de izquierda y derecha, es mucho más atinado partir de su posición respecto a determinados temas clave, entre ellos uno de los más destacados, las políticas de inmigración.

La inmigración fue también el factor que estuvo a punto de poner fin a una de las coaliciones más sólidas de la historia política europea, la que mantienen desde el fin de la segunda guerra mundial los dos partidos conservadores alemanes: la Unión Demócrata Cristiana de Alemania (CDU) y la Unión Social Cristiana de Baviera (CSU). Después de que la canciller Angela Merkel abriese las fronteras alemanas ante la crisis de refugiados en Siria, el ministro del Interior y líder de la CSU, Horst Seehofer, criticó abiertamente la política migratoria de Merkel, abriendo una crisis sin precedentes en el Ejecutivo alemán. Pocos meses antes, la inmigración había sido una de las razones por las que el Partido Liberal alemán (FDP) declinó formar un gobierno de coalición con Merkel. Ambas decisiones respondieron al crecimiento electoral del partido de extrema derecha Alternativa por Alemania, con un discurso muy restrictivo en materia migratoria.

¿Será la inmigración uno de los factores clave del debate político durante los próximos años? Existen razones para pensar que así será. Como vimos en el capítulo 3, el cambio climático provocará importantes desplazamientos de la población. Se puede discutir sobre su magnitud, que dependerá de muchos factores, pero el calentamiento global del planeta hará inhabitables regiones que ahora están densamente pobladas, y seguramente también a la inversa. Como resultado, importantes masas de población se desplazarán de unos sitios a otros.

Tampoco será la primera vez en la historia que así ocurra: desde las migraciones prehistóricas de *Homo sapiens* al período que denominamos «las invasiones bárbaras» en los primeros siglos de nuestra era (que los alemanes conocen, de forma menos despectiva, como *Völkerwanderung*, 'migración de gentes') o las grandes migraciones a América, en la historia no escasean los episodios de movimientos masivos de la población.

Existe, sin embargo, un importante matiz. Las migraciones por motivos económicos, como la que llevó a una parte importante de la población europea (irlandeses, italianos, españoles y portugueses) a América en los siglos XIX y XX, son en general menos conflictivas: las migraciones económicas tienen como destino zonas más pujantes o con mayores oportunidades que en los países de origen. Normalmente, no se producen por un hecho puntual, sino que se escalonan en el tiempo, y, además, existe una cierta autoselección de los emigrantes: en general son los más jóvenes, los que tienen mayores cualificaciones, recursos o inquietudes, los que se desplazan al extranjero. Por todos estos motivos, los emigrantes «económicos» suelen ser una bendición en lugar de una carga para los países receptores, y se generan menos tensiones para su integración. De hecho, las migraciones económicas suelen provocar más inestabilidad en los países de origen que en los de destino. Precisamente porque, como hemos indicado, los países emisores pierden a los mejor preparados, a la población joven y productiva. Así ocurrió, por ejemplo, con las emigraciones desde Italia y Alemania al continente americano a finales del siglo XIX, que sentarían las bases sociales sobre las que después crecerían los movimientos fascistas, o con las emigraciones previas en el siglo XVI, mitad causa y mitad consecuencia de uno de los conflictos más asoladores sobre el territorio europeo, la guerra de los Treinta Años.

En cambio, las migraciones tras una catástrofe natural, una guerra o una persecución presentan los rasgos contrarios: son abruptas, afectan a un corte transversal de la población, es decir, incluyen desde niños a ancianos, y no tienen como acogida necesariamente países en mejor situación económica, sino aquellos que por razones de proximidad geográfica, histórica o cultural se convierten en destino de los emigrantes.

Por todos estos factores, este segundo tipo de migraciones suele crear más tensiones en los países receptores. La crisis de los refugiados de Siria es el ejemplo más cercano, pero en la historia abundan otros parecidos: la migración masiva de judíos a Israel tras la finalización de la segunda guerra mundial o la expulsión de musulmanes e hindúes de India y Pakistán tras la partición de ambos países en 1947 se convirtieron en episodios de inestabilidad en las regiones de destino.

No sabemos con certeza cómo serán las migraciones derivadas del cambio climático, pero los modelos científicos apuntan a que, junto con el cambio paulatino de las condiciones del clima, habrá manifestaciones repentinas: olas de calor, huracanes, inundaciones o incendios. Serán este tipo de fenómenos extremos, cada vez más frecuentes, los que provoquen los principales desplazamientos de la población. Muy probablemente, habrá migraciones climáticas de ambos tipos, aunque serán muchas más las del segundo, convirtiéndose así en un factor de inestabilidad en los países de destino.

En estas circunstancias, lo más previsible es que la inmigración se convierta en uno de los principales escenarios de la batalla política en los próximos años. La posición sobre ella definirá las coordenadas políticas de partidos y votantes. Como venimos describiendo a lo largo de este libro, el cambio climático actuará como un acelerador de tendencias que ya estamos viviendo en el presente. No por casualidad muchas de estas tendencias tienen lugar precisamente como manifestación temprana de los efectos del cambio climático.

Una de las razones que convierten a la inmigración en un factor tan divisivo en el debate político es que representa una de las luchas más básicas y ancestrales de la especie humana: el dominio del territorio. Existe el riesgo de que en los próximos años las migraciones climáticas, combinadas con los procesos de cambio económico y laboral, aviven algunas de las divisiones más profundas de nuestras sociedades y, en última instancia, amenacen la propia estabilidad de los sistemas democráticos. Como ya hemos señalado, las raíces del ascenso nazi hay que buscarlas en las décadas que van de 1870 a final de siglo, cuando, al cambio económico, social y cultural de una época de vertiginosas transformaciones, se añadieron las migraciones masivas. Y si bien el ascenso del nazismo tuvo lugar tras la gran catástrofe que representó la primera guerra mundial, no es descartable que las consecuencias físicas del cambio climático sean equiparables a las de una gran guerra.[187]

3. El papel de los jóvenes y la «batalla» entre generaciones

El envejecimiento de la población es una tendencia común en la mayoría de los países: el alargamiento de la esperanza de vida se combina con la caída de la natalidad, más pronunciada cuanto mayor es el desarrollo económico de un país. Hay casos particu-

187. Lieven, *Climate Change and the Nation State*, *op. cit.* p. 61.

larmente prominentes, como el de China, donde la política de hijo único, en vigor desde finales de los setenta, ha provocado una inversión muy rápida de la pirámide poblacional.

Políticamente, los efectos de estos cambios se están dejando sentir con rapidez. En el año 2000, los votantes jóvenes en España (definidos como aquellos entre dieciocho y treinta y cuatro años) representaban el 35 por ciento del censo electoral y los mayores de sesenta y cinco años, apenas el 20 por ciento. En la actualidad, la situación es prácticamente la inversa: los jóvenes representan el 20 por ciento del total, mientras que los mayores de sesenta y cinco años se acercan al 30 por ciento. La tendencia es de sentido único: cada año y medio aproximadamente los jóvenes reducen su peso en un punto porcentual, mientras que los mayores de sesenta y cinco años lo incrementan cada dos años.

Lo anterior se agrava porque los votantes jóvenes son un colectivo tradicionalmente más abstencionista que los mayores, con una diferencia de participación que oscila entre 5 y 15 puntos, según los comicios.

No sólo el comportamiento electoral de jóvenes y ancianos es muy distinto, sino que también tienen otros perfiles casi contrapuestos: unos están jubilados, otros trabajan (o intentan hacerlo). Unos son propietarios de viviendas, otros viven en general de alquiler. Son diferentes sus perfiles de consumo y ahorro, sus obligaciones familiares y el uso de su tiempo libre. En muchos aspectos, jóvenes y ancianos son como el agua y el aceite.

Uno de los pilares de los sistemas democráticos durante las últimas décadas es que los partidos políticos han cortejado a ambos grupos: los jóvenes tenían un importante peso electoral, cercano al 30 por ciento como hemos visto. Además, al superar la mayoría de edad, los jóvenes eran «vírgenes» electoralmente, nunca habían votado a nadie, convirtiéndose en un caladero electoralmente muy atractivo. Los jóvenes marcaban tendencia, no sólo en la música, el cine o la moda, sino también en la política. Los jóvenes eran tierra por conquistar; los mayores, un colectivo que defender electoralmente. Las estrategias de los partidos políticos pasaban por cuidar a ambos.

El envejecimiento de la población altera sustancialmente este equilibrio político. A finales de 2020, el Gobierno español, una coalición de dos partidos de izquierda (que tradicionalmente han obtenido una mayoría de voto entre los más jóvenes), decidió gastar prácticamente todo el margen presupuestario con el que contaba en incrementar las pensiones y el sueldo de los funcionarios (por encima del incremento del IPC de ese año). Al mismo tiempo, incumplió su promesa de incrementar el salario mínimo hasta los 1.000 euros, una de las medidas contenidas en el acuerdo de coalición firmado a principios de ese mismo año. El contraste entre la atención dedicada a un colectivo (el de los mayores de sesenta y cinco años) y a otro (el de los jóvenes) no podía ser más acusado, pero no era una excepción. Es la nueva realidad política que vendrá como consecuencia de la nueva realidad demográfica.

También en esto el cambio climático anticipa el futuro. El cambio climático representa la batalla intergeneracional por excelencia: con nuestras decisiones, influimos en las condiciones del planeta que disfrutarán (o sufrirán) nuestros nietos. Obtenemos beneficios inmediatos, en forma de mayor consumo o producción, a costa de las generaciones futuras. Como ha señalado el economista británico Nicholas Stern, el cambio climático es como una asamblea que reúne a los habitantes del planeta, presentes y futuros, con el matiz de que los presentes podemos votar y los futuros no disfrutan de ese derecho (una idea muy parecida, como ya vimos, a la que apuntaba Burke a finales del siglo XVIII).

Como señalábamos en el capítulo 2, el cambio climático acelerará el envejecimiento de la población: la natalidad seguirá cayendo y la inmigración no podrá revertir esta tendencia. La inmigración sólo afecta a la pirámide poblacional a nivel local, pero como es obvio no lo hace a nivel global; de hecho, normalmente la empeora: las personas que emigran tienen menos hijos de los que habrían tenido en caso de quedarse en sus países de origen.

El futuro y el cambio climático vuelven a retroalimentarse: los jóvenes cada vez pintarán menos, sus preocupaciones pasarán desapercibidas en los programas de los partidos políticos, que se centrarán en las demandas de la población de más edad. «Son las pensiones, estúpido» será el lema que marcará las estrategias electorales durante los próximos años. Se protegerán los empleos estables antes que las oportunidades laborales para los más jóvenes. A los propietarios de las viviendas antes que el acceso a la misma. Las divisiones entre jóvenes y mayores se tensionarán, como la relación entre Rodrigo y su padre. Los sistemas democráticos se resentirán: los votos individuales seguirán pesando lo mismo, pero los colectivos tendrán una importancia muy distinta. Tal vez, como decíamos al principio del libro, Janis Joplin y Richard Nixon eran dos almas gemelas, si los comparamos con el abismo que existe hoy entre Greta Thunberg y Angela Merkel.

4. Los chalecos amarillos y los perdedores del cambio climático

Desde que el economista francés Thomas Piketty (en paralelo al trabajo de otros, como Anthony Atkinson o Emmanuel Saez) demostrase en su monumental análisis histórico[188] que la proporción de la renta total que reciben los asalariados lleva disminuyendo desde hace décadas, mientras se incrementa la del capital, el análisis de las causas y las consecuencias de la desigualdad social se ha convertido en uno de los debates más importantes del presente. Los estragos de la crisis financiera de finales de la década de los 2000, y la posterior aparición de movimientos como Occupy Wall Street, We are the 99% o, en España, el de los «indignados», llevó esta discusión del ámbito estrictamente académico hasta el político, multiplicando su eco.

El debate requiere utilizar un prisma multidisciplinar. El avance hacia sociedades más justas no es sólo un desiderátum

188. Piketty, Thomas, *Le Capital au XXIe siècle*, Éditions du Seuil, París, 2013. Versión castellana, *El capital en el siglo XXI*, Fondo de Cultura Económica, México, D.F., 2014.

moral, sino que, como se ha demostrado, la reducción de la desigualdad es un factor de estabilidad institucional y política, y también de eficiencia económica: en muchos países, la persistencia de la desigualdad enmascara la necrosis del ascensor social, indispensable para mantener la vitalidad empresarial y la asunción de riesgos.

Otras disciplinas también analizan con atención las causas y consecuencias de la creciente desigualdad en nuestras sociedades: el poder de los gigantes tecnológicos como Google, Facebook o Amazon, debido a las economías de red y la importancia de los datos en la nueva economía, pero también al incremento de la cuota de mercado de las empresas líderes en sectores como el manufacturero, el financiero o el eléctrico, se ha relacionado con el incremento de las desigualdades sociales.[189]

Otra vez más el cambio climático es un alumno aventajado de estos cambios. El deterioro de las condiciones climáticas afecta de un modo singular a los más débiles del planeta. Tanto por su ubicación geográfica, en zonas climáticamente más vulnerables, como por su menor capacidad para resistir catástrofes naturales, como se vio en el terremoto que asoló Haití en 2010, que en términos geológicos no fue particularmente virulento, pero que, sin embargo, fue devastador por la destrucción del capital físico y la pérdida de vidas humanas.

No sólo el cambio climático puede crear sociedades más desiguales. También pueden ser el resultado (y esto es quizá más preocupante) de las políticas contra el cambio climático. Los efectos desiguales de las políticas climáticas son conocidos desde hace años, debido a una curiosa paradoja que analizábamos en el capítulo 1: aunque los países más ricos son responsables del *stock* de emisiones de gases de efecto invernadero acumulado en la atmósfera, poco se puede hacer sobre el mismo (al menos hasta que le geoingeniería desarrolle una alternativa). Lo que en cambio sí se puede reducir no es el *stock* acumulado, sino el flujo nuevo de emisiones, y aquí el mayor peso recae sobre los países

189. Garicano, Luis, *El contrataque liberal*, Ediciones Península, Barcelona, 2019.

emergentes. Los países BRICS (Brasil, Rusia, India, China y Sudáfrica) son responsables del 50 por ciento de las emisiones nuevas cada año.[190]

Este mismo debate se proyecta desde el ámbito internacional al interior de nuestras sociedades. En Francia estalló a finales de 2018, en forma de protesta contra la subida impositiva a los carburantes. El caso del impuesto al diésel es en cierto modo paradigmático: durante años, los Gobiernos europeos promovieron las ventajas fiscales al diésel, con el objetivo de favorecer a la industria del automóvil europea frente a la estadounidense o la japonesa (el diésel fue una apuesta tecnológica europea). Precisamente por el menor coste del combustible, los hogares de rentas más bajas compraron vehículos diésel en una proporción mayor, y ahora eran, por tanto, los más perjudicados por las subidas impositivas acordadas por los Gobiernos, en su giro de 180 grados en el apoyo al diésel.

Hay muchos otros ejemplos de políticas «verdes» con efectos regresivos. En un capítulo anterior analizamos las inmensas oportunidades del autoconsumo eléctrico (la instalación de paneles fotovoltaicos en los tejados de los edificios). Sin embargo, en algunos países se ha observado un fenómeno conocido como la «espiral de la muerte»: son los hogares de rentas más altas los que más paneles instalan. Al tener viviendas más grandes, el autoconsumo tiene para ellos grandes ventajas (viviendas unifamiliares con más superficie para instalar los paneles y también un mayor consumo eléctrico con el que amortizar las instalaciones). Cuando los consumidores de rentas altas se desconectan de la red eléctrica, los importantes costes fijos de ésta deben ser ahora financiados en una proporción mayor por el resto de los consumidores, lo que a su vez hace más atractiva la desconexión. Al final, se crea una sociedad con dos clases: los hogares de rentas altas disfrutan de una electricidad limpia y barata, y los más des-

190. Tapia, Isidoro, «El impuesto al diésel y el "clasismo" de las políticas contra el cambio climático», *El Confidencial*, 10 de diciembre de 2018. Véase: <https://blogs.elconfidencial.com/espana/desde-fuera/2018-12-10/impuesto-diesel-clasismo-politicas-cambio-climatico_1697050/>.

favorecidos, en cambio, se ven condenados a utilizar una energía contaminante y cara.[191] La pesadilla de Piketty en la red eléctrica.

No se acaba aquí la lista de políticas verdes que incrementan la desigualdad. Las ayudas para la compra de vehículos eléctricos, uno de los instrumentos preferidos por los Gobiernos para favorecer una movilidad más sostenible, suelen acabar en el bolsillo de los consumidores con más recursos, que son los que pueden permitirse el pequeño lujo de comprarse un vehículo eléctrico (digamos, un Tesla), que hasta ahora son más caros que el resto.

Otro ejemplo son los planes de movilidad urbanos. El proyecto de Madrid Central, que restringía el tráfico en la almendra central de la capital, despertó una polvareda política. Pese a la polémica, uno de los efectos que pasó desapercibido es que favorecía, sobre todo, a los hogares de rentas más altas, los vecinos de los barrios centrales, que podían seguir circulando por los mismos y además se beneficiaban de la menor contaminación y el descenso del tráfico derivado de las restricciones. En cambio, los colectivos más castigados eran precisamente los hogares con menos recursos: los que vivían en el extrarradio de la capital y se desplazan cada día a su centro de trabajo en un vehículo privado al carecer de alternativas de transporte público.

Existe un amplio margen de mejora, empezando por considerar el impacto redistributivo en el diseño de las políticas contra el cambio climático. Compensar los efectos regresivos de estas políticas con ayudas directas a los hogares de menor renta, para paliar los efectos de la transición energética, o poniendo el foco en medidas más equitativas, por ejemplo, la eficiencia energética, cuyo potencial es mayor en los hogares de rentas más bajas (normalmente estas viviendas están peor aisladas desde el punto de vista energético).

Pero incluso así es inevitable reconocer que los efectos redistributivos, no ya del cambio climático, sino de las políticas para

191. Hernandez, Mari, «Solar Power to the People: The Rise of Rooftop Solar Among the Middle Class», Center for American Progress, 21 de octubre de 2013.

remediarlo, pueden ser muy acusados. Regiones enteras que vivían de las actividades extractivas del carbón, por ejemplo, ahora se enfrentan a dificultades parecidas a la reconversión industrial de los ochenta: transformar economías muy concentradas en unos sectores, con el riesgo de crear una nueva clase de descontento que podríamos bautizar como «los perdedores del cambio climático».

Limitar las consecuencias del calentamiento global del planeta es una de las tareas más urgentes para la humanidad. No debería ser a costa de crear sociedades más desiguales, pero muy posiblemente éste sea uno de los resultados. Y ello, como decíamos anteriormente, con independencia de si las políticas tienen éxito o fracasan. Porque en ambos casos el resultado será el mismo: sociedades más desiguales y, como efecto, más divididas. Si la política es un reflejo de la realidad social, nada augura que el debate vaya a bajar en decibelios en los próximos años. Más bien al contrario.

5. El Gran Hermano climático

En la serie británica *Years and Years*, Bethany Bisme-Lyons, la hija adolescente interpretada por la actriz Lydia West, de carácter retraído y ausente, pasa casi todo su tiempo conectada a las redes sociales, comentando fotos ajenas o añadiendo filtros a las propias. A espaldas de su familia, cumple uno de sus sueños: se transhumaniza. Si hace años los adolescentes montaban en moto a escondidas de sus padres o, los más transgresores, se ponían un pendiente en la oreja o se grababan un tatuaje, Bethany va un paso más allá: sube su cerebro a la nube, convirtiéndose así en un híbrido entre ser humano y tecnología.

Eric Schmidt, ex-CEO de Google, declaró en Davos en 2015 el «fin de internet». Una muerte un poco particular: Schmidt predijo que en unos años internet formaría parte de nuestra presencia «todo el tiempo». Que las diferencias entre la realidad online y offline desaparecerían. Años antes, Marx Weiser había afirmado algo parecido: «Las tecnologías más profundas son aquellas que desaparecen». Lo llamó «computación ubicua». Como la transhumanización de Bethany, pero generalizada para todos y sin que tengamos la posibilidad de elegir. El internet de las cosas.

La profesora de Harvard Shoshana Zuboff lo ha definido en un fascinante libro como «la era del capitalismo de vigilancia».[192] Su tesis es que mientras creemos disfrutar de muchos servicios digitales de forma gratuita (una cuenta dc correo electrónico, un buscador, una red social), las grandes empresas tecnológicas están amasando un volumen gigantesco de datos, que después monetizan de muchas formas (por ejemplo, vendiéndolo a compañías de publicidad especializadas en microanuncios o a partidos políticos de cara a las campañas electorales). Es ya conocida la expresión que dice que, cuando no pagas por algo, no eres el cliente, sino el producto. La tesis de Zuboff va más lejos: la inmensa capacidad de extracción de datos de empresas como Google o Facebook, junto con las posibilidades actuales de computación y procesamiento de dichos datos, está poniendo en riesgo los propios cimientos de los sistemas democráticos.

Zuboff se centra sobre todo en lo que llama los «excedentes de la conducta». No se trata sólo de proteger nuestros datos «duros», como las claves de las tarjetas de crédito, el número de teléfono o la dirección postal, sino también los datos «blandos»: los rastros que generamos con nuestra actividad en línea, por ejemplo, cuando respondemos con un «Me gusta» a una publicación de un amigo, o nos detenemos a leer un tuit sobre un tema de actualidad política, o hacemos una pausa más larga al ver fotografías de muebles mientras pensamos en redecorar nuestro salón. Es la capacidad de inferir nuestras preferencias a partir de este amasijo de información, de predecir nuestro comportamiento y, en última instancia, hasta de modularlo, lo que sitúa a las

192. Zuboff, Shoshana, *The Age of Surveillance Capitalism: The Fight for a Human Future at the New Frontier of Power*, Profile Books, Londres, 2019. Versión castellana de Albino Santos Mosquera, *La era del capitalismo de la vigilancia: La lucha por un futuro humano frente a las nuevas fronteras del poder*, Ediciones Paidós, Barcelona, 2020.

grandes empresas tecnológicas en una posición de poder inédita en la historia: como señala Zuboff, ni siquiera los monarcas absolutos disfrutaron de algo semejante, para ellos la privacidad de sus súbditos siempre fue un santuario infranqueable.

Valga una anécdota (real) para ilustrar el fenómeno: una empresa de patinetes eléctricos se reúne con el equipo de movilidad de uno de los principales ayuntamientos de nuestro país para discutir la regulación del uso de los patinetes en las vías urbanas (por dónde pueden circular, si deben respetar las normas de tráfico de los vehículos o de los peatones, etc.). Al final de la reunión, uno de los técnicos municipales les pide un pequeño favor: «Imagino que generáis un volumen importante de datos con vuestras aplicaciones. Si no os importa, os queríamos pedir estos datos porque pueden sernos útiles para analizar el tráfico y preparar nuestro plan de movilidad urbana». Los responsables de la empresa de patinetes se miran incrédulos. No pueden creer tanta ingenuidad. Así que son directos en su respuesta: «Con los patinetes perdemos dinero. Con lo que nos ganamos la vida es vendiendo los datos». El ayuntamiento creía estar hablando con una empresa de patinetes: en realidad lo estaba haciendo con un fabricante de datos.

Como afirma Zuboff, cuando utilizamos un mapa (digamos, Google Maps), obtenemos información del mismo, pero Google obtiene mucho más de nosotros: saber dónde estamos y dónde queremos ir. El mapa no sólo almacena información sobre nosotros, sino que, conforme va conociendo nuestras costumbres, empieza a sugerirnos por dónde desplazarnos. La capacidad de manipulación que se abre es inmensa. Cuando buscamos un restaurante, escuchamos nuestra música preferida, leemos noticias o miramos fotografías, generamos toneladas de información sobre nuestras preferencias. Nuestra vida en línea es una mina de oro para conocer mejor los inmensos vericuetos de la conducta humana.

Son muchas las derivadas de nuestra presencia casi continua en las redes sociales. Robert Putnam, entre otros autores, defiende que la explosión de la comunicación «no presencial» ha provocado un deterioro del «capital social» en Estados Unidos y, como efecto, un incremento en la polarización de las sociedades.[193] A más actividad en las redes sociales, menos tiempo dedicamos a las relaciones presenciales: generamos menos espacios de confianza interpersonal. En lugar de proyectar nuestras habilidades sociales hacia Twitter, sucede lo contrario: terminamos mimetizando con nuestros seres más cercanos la forma de comunicación más habitual en Twitter. El «zasca».

¿En qué dirección pueden condicionar todas estas tendencias la lucha contra el cambio climático? Al contrario que en los puntos anteriores, no se trata de un proceso que ya esté en marcha. Pero es previsible que se crucen en los próximos años. Hasta ahora, las políticas climáticas han tenido un diseño macro: los países establecen objetivos agregados de reducción de emisiones que se reparten entre los distintos sectores (transporte, edificios, agricultura, generación eléctrica, etc.). Las políticas climáticas se diseñan de arriba abajo. Sin embargo, la insuficiencia de este enfoque es cada vez más evidente: pese a los muchos compromisos firmados desde que en 1990 el Panel Intergubernamental del Cambio Climático de Naciones Unidas publicase su primer informe, las emisiones globales no han dejado de crecer. A principios de los noventa, emitíamos unas 20 gigatoneladas (Gt) de CO_2 al año; ahora emitimos cerca del doble, unas 40 Gt. En todo este período, las emisiones sólo se redujeron puntualmente en dos ejercicios: en 2009 (por la crisis económica) y en 2020 (por el coronavirus) por razones que poco tuvieron que ver con la lucha contra el cambio climático.

Es sólo cuestión de tiempo que las políticas climáticas pasen de lo macro a lo micro: conforme la necesidad de reducir las emisiones se haga apremiante, ya no será suficiente establecer objetivos a veinte o treinta años vista. Y el «capitalismo de vigilancia» hará más sencilla esta transición. Ya existen empresas que permiten gestionar el consumo energético de forma individual: por ejemplo, aplicaciones inteligentes que regulan la temperatura en el hogar (Google pagó más de 3.000 millones de dólares para adquirir una de las pioneras, Nest, en 2014) o que programan

193. Diamond, *Upheaval*, *op. cit.*

determinados consumos, como el de una lavadora o la recarga de las baterías, durante la noche, cuando el precio de la energía es más barato. No es difícil imaginar que, también en este sector, las inmensas posibilidades de conocer mejor nuestras conductas sean aprovechadas por empresas y Gobiernos: recomendando (o imponiendo) estilos de conducción menos agresivos en coches «inteligentes», reduciendo así el consumo energético, aplicaciones que nos indiquen cuánto CO_2 llevamos emitido a lo largo del último mes (como Radar CO_2, la aplicación que consultaba Samir para decidir si tomaba o no un Uber para ir a la oficina), fomentando de esta forma comportamientos como la «vergüenza de volar» (*flygskam*, en sueco) o, incluso, sistemas impositivos avanzados, que impongan gravámenes más altos cuando nuestras emisiones de CO_2 excedan el presupuesto individual que tenemos asignado. Un «Gran Hermano verde» que nos vigile continuamente para asegurarse de que cumplimos con nuestra parte en la lucha contra el cambio climático.

La imagen del Gran Hermano verde plantea las mismas contradicciones que apunta Zuboff: las gigantescas oportunidades que abre el análisis de datos para hacer más eficiente nuestro comportamiento y reducir su huella climática es uno de los caminos más obvios para contener el proceso de calentamiento global del planeta. Sin embargo, al mismo tiempo, constituye una pesadilla ética, un sendero acechado por lobos de todo tipo, como los microanuncios a las *fake news*, e interrogantes desconocidos, como que las mismas empresas que predicen nuestros comportamientos traten de manipularlos. Como se pregunta varias veces Zuboff: «¿Quién tiene la información? ¿Quién decide qué hacer con ella? ¿Quién elige a aquellos que deciden?».

Una nota final: optimistas contra pesimistas

Para un libro que empezaba clamando en su primer capítulo contra los «asustaviejas», el «idioma histérico» y el «apocalipsis climático», el resultado sólo puede calificarse de agridulce. Sirva de disculpa que el cambio climático no es un camino de rosas, aunque tampoco lo es sólo de espinas. Entre el optimismo incombustible de quienes ven en la transición verde una oportunidad para hacer ingeniería social, y el de quienes apuestan por reavivar el nacionalismo como única defensa,[194] hay una vía intermedia: la de señalar en toda su crudeza los desafíos que nos aguardan, no con la voluntad de abrumar los ánimos, sino al contrario, con el objetivo de encontrar una respuesta. Hanna Arendt, inspirada por Nietzsche, describió la voluntad como «el órgano del futuro», contraponiéndolo a la memoria, «el órgano del pasado». En este libro hemos intentado mezclar uno y otro, pasado y futuro: mirar atrás para entender mejor lo que tenemos delante. Pensar el futuro como un acelerador de tendencias que ya existen en el presente. Si pudiésemos reformular la cita de Gramsci con la que arrancábamos el capítulo, lo haríamos así: «Que el pesimismo de la inteligencia no amordace el optimismo de la voluntad ni que, viceversa, el segundo oscurezca al primero».

Casi por una necesidad pendular, nos toca terminar con una nota positiva. El cambio climático es hasta cierto punto inevitable, pero todavía no es irreversible. Si no hacemos nada, el planeta será prácticamente inhabitable a finales de siglo. Si, en cambio, ponemos todo nuestro empeño y tenemos éxito, viviremos en un planeta distinto, que nos obligará a nuevas costumbres e impondrá algunos sacrificios, pero, como animales cuya vida está condicionada por las circunstancias del entorno, hemos demostrado varias veces a lo largo de la historia nuestra capacidad para adaptarnos. La transición ecológica traerá nuevas tensiones sociales, pero también creará inmensas oportunidades. No es cierto que el presente sea el único estadio posible de la evolución humana: hay períodos históricos en los que hemos caminado hacia atrás y tecnologías que se han impuesto a otras no por sus mejores prestaciones técnicas, sino por circunstancias contingentes. Los combustibles fósiles encajaban como un guante en el capitalismo industrial, donde las economías de escala eran el factor principal de ventaja competitiva. Pero en el nuevo capitalismo digital no es necesariamente así. Los vehículos eléctricos

194. Lieven, *Climate Change and the Nation State*, *op. cit.* p. 93.

cuentan con importantes ventajas sobre los de combustión interna, que en el nuevo entorno pueden resultar decisivas. Tampoco hay ningún motivo por el que nuestras viviendas deban permanecer deficientemente aisladas, malgastando energía. Hay un chiste que circulaba por las facultades de Economía, que resume una de las mayores debilidades de esta disciplina: «Dos economistas van andando por la calle, uno ve un billete en el suelo, y se agacha a recogerlo. "¿Qué haces?", le reprende el otro. "Si de verdad fuese un billete, ya se lo habría llevado alguien"». El chiste, sencillamente, no es cierto. En nuestro día a día hay cientos de billetes que yacen abandonados, sin dueño, en el suelo. Hasta el propio Hayek reconocía que «nada ha hecho tanto daño a la causa liberal como la rígida insistencia por parte de algunos liberales sobre ciertas reglas generales toscas, como el *laissez-faire*».[195] Otra es aquella que pontifica, como una verdad religiosa, que no existen oportunidades en los mercados.

Por muchas dificultades que nos aguarden, los dos últimos siglos han demostrado la capacidad de la humanidad para sortear toda clase de retos, innovar y seguir progresando. Incluso los análisis más sombríos contienen rayos de esperanza: Piketty afirma que históricamente las instituciones democráticas han mitigado las «dinámicas anormales de acumulación de capital». Y Zuboff reconoce la plasticidad del capitalismo, recordando una reseña de George Orwell sobre el libro de James Burnham *The Managerial Revolution* (un manifiesto tecnocrático publicado en 1941): «En cada pasaje —escribía Orwell—, la predicción de Burnham es una continuación del presente. Siempre se deja llevar por el instinto de inclinarse ante el soberano de cada momento, aceptando como inevitable la tendencia actual».

Tal vez a lo largo de este libro nos hayamos inclinado demasiadas veces ante el mismo soberano, dejándonos arrastrar por la marcha del presente, cuando, como señalaba Orwell, casi nada es inevitable. La libertad humana para decidir es el asidero que

195. Hayek, Friedeich A., *The Road to Serfdom: Text and Documents, the Definitive Edition*, Routledge, Londres, 2008. Versión castellana de José Vergara Doncel, *Camino de servidumbre*, Alianza Editorial, Madrid, 2011.

nos mantiene al timón de nuestra propia existencia. La vida no es como el juego del ajedrez; no existe un número muy alto pero finito de combinaciones al alcance de la computación artificial. La diferencia es que nosotros, los humanos, podemos cambiar las reglas: convertir a los peones en alfiles, decidir jugar en tableros más grandes o, incluso, cambiar el objetivo del juego, pasar de atrapar al rey a capturar a la reina.

No hay que irse muy lejos para encontrar motivos de esperanza. Entre las propias políticas ambientales, hay un ejemplo cercano que invita al optimismo: el denominado «agujero» de la capa de ozono. Existe cierta confusión entre el calentamiento global y la capa de ozono:[196] ambos afectan al clima, pero, más allá de eso, tienen poco en común. Veámoslo brevemente.

En 1974, los investigadores Mario Molina y Sherwood Rowland publicaron un artículo por el que veinte años más tarde recibirían el Premio Nobel de Química: en el artículo describían la relación existente entre los clorofluorocarbonos (CFC) y el ozono de la estratosfera. Los CFC se utilizaban entonces de forma generalizada en la industria de la refrigeración —aire acondicionado y frigoríficos—, así como en aerosoles, desodorantes e insecticidas, entre otros productos.

La hipótesis de Molina y Rowland, luego confirmada, era la siguiente: aunque los CFC son en general poco tóxicos —precisamente el motivo de su éxito industrial—, su estabilidad química se altera en la atmósfera. Al alcanzar la estratosfera y recibir radiación ultravioleta, liberan átomos de cloro, que a su vez «rompen» el ozono atmosférico, provocando una reacción catalítica: una simple molécula de cloro puede romper hasta cien mil moléculas de ozono.[197]

Algunos países respondieron de forma unilateral. Estados Unidos, Canadá, Noruega y Suecia prohibieron la utilización de

196. Kerr, Sara C., y Kenneth A. Walz, «Holes in Students Understanding: Addressing Prevalent Misconceptions Regarding Atmospheric Environmental Chemistry», *Journal of Chemical Education*, 84, 10 (2007), 1693.

197. Brune, William H., «The Ozone Story: A Model for Addressing Climate Change», *Bulletin of The Atomic Scientists*, 75, 1 (2015), pp. 75-84. Véase: <https://doi.org/10.1177/0096340214563685>.

CFC en los aerosoles en 1978, pero la presión de la industria impidió que las restricciones se generalizasen. Ningún otro país movió ficha: los países en desarrollo argumentaron que la eliminación de los CFC comprometía su derecho a acceder a técnicas de refrigeración competitivas, un elemento clave en muchas industrias, incluidos sectores tan básicos como el transporte de alimentos.

Era complicado visualizar el peligro: el cloro se utiliza habitualmente en las piscinas, como producto de limpieza. ¿Cómo podía ser peligroso en la atmósfera? Y con el ozono sucedía al revés: en la superficie terrestre es dañino —es uno de los componentes principales de la polución urbana—. ¿Cómo podía ser tan importante su presencia en la atmósfera?

En resumen, existían una evidencia científica apenas incipiente, división entre Gobiernos, una brecha abierta entre países ricos y en desarrollo y dificultades para concienciar a los consumidores ante un fenómeno técnicamente complejo. ¿No resulta familiar este cóctel? Sin embargo, esta historia tiene un final feliz. ¿Qué ocurrió para superar la parálisis? Fundamentalmente, dos hechos: de ambos podemos aprender en la lucha contra el cambio climático.

El primero fue un descubrimiento de un grupo de investigadores liderado por Joseph Farman. La British Antarctic Survey había recogido datos sobre la concentración de ozono en la estratosfera desde principios de los ochenta. Hacia 1985, resultaba evidente que los niveles de ozono estaban disminuyendo de forma muy significativa, especialmente alrededor de la Antártica. Al principio, Farman se resistió a utilizar el término *agujero*, que no aparece en su artículo original de *Nature*[198] (propiamente no existe agujero alguno, sino una menor concentración de ozono). Sin embargo, poco después se dio cuenta del impacto que estaba teniendo aquel término sobre la opinión pública mundial: la poderosa imagen de un agujero en la atmósfera, el manto protector de la humanidad, por el cual la radiación ultravioleta entraba,

198. Farman, J. C.; B. G. Gardiner, y J. D. Shanklin, «Large Losses of Total Ozone in Antarctica Reveal Seasonal ClOx/NOx Interaction», *Nature*, 315 (1985), pp. 207-210.

provocando quemaduras o hasta dejarnos ciegos. Desde entonces, Farman no dejó de utilizar la expresión «agujero de la capa de ozono» en artículos y entrevistas.

El segundo cambio ocurrió en paralelo. Richard Heckert, CEO de Dupont, el gigante químico y a la vez el mayor fabricante de CFC, había ordenado desde principios de los ochenta buscar alternativas a los CFC, hasta encontrar resultados prometedores en los llamados hidrofluorocarbonos (HFC). Pocos meses después de publicarse el artículo en *Nature*, la propia Dupont se manifestó, para sorpresa del resto de la industria, a favor de regular una disminución gradual de la producción de CFC. El movimiento sísmico estaba en marcha.

Gracias al apoyo decisivo de dirigentes como Margaret Thatcher, química de formación y que había salvado a la British Antarctic Survey de los recortes en investigación en el presupuesto británico, en 1987 se firmaba el Protocolo de Montreal, ratificado al año siguiente por los principales países, que entró en vigor en enero de 1989, en un tiempo récord. Los términos originales del Protocolo de Montreal establecían una reducción del 50 por ciento en la producción de CFC, que a la luz del conocimiento científico actual seguramente eran insuficientes para revertir el «agujero» de la capa de ozono. Uno de sus grandes aciertos fue permitir mecanismos de flexibilidad en función de la evolución del conocimiento científico. Pocos años después, se decretaría la total prohibición en el uso de CFC. A día de hoy, se estima que el nivel de ozono en la atmósfera podría recuperar sus niveles originales en la segunda mitad de este siglo.

La historia del «agujero» de la capa de ozono marca el camino que transitar en la batalla contra el cambio climático. En primer lugar, se trata de lograr ese punto de equilibrio tan difícil en las políticas públicas: mandar señales regulatorias tempranas y claras, que modifiquen los incentivos de las empresas hasta alinearlos, en la medida de lo posible, con los generales; las empresas actúan mucho antes, y de forma más decidida, cuando persiguen su propio interés que bajo la amenaza de prohibiciones, pero, al mismo tiempo, en muchos casos, nunca se moverían si no existiesen señales claras para hacerlo.

En segundo lugar, la importancia de establecer objetivos ambiciosos pero realistas. Marcar metas imposibles sólo conduce a la frustración colectiva. La fórmula del Convenio de Montreal deja al menos dos lecciones: por un lado, para lograr la cooperación internacional es mejor empezar por el mínimo común denominador y avanzar progresivamente aumentado los compromisos que al revés, marcar objetivos demasiado ambiciosos y que el incumplimiento sea la norma. A su vez, los objetivos deben ser flexibles, ya que todavía son muchas las incertidumbres científicas. El clima es un animal estocástico, el terreno de lo desconocido.

Y, finalmente, la historia del «agujero» de la capa de ozono deja un último recordatorio: desde la edad prehistórica, cuando garabateábamos en las paredes de las cuevas escenas de caza, el hombre ha necesitado imágenes para expresarse. La iconoclasia, la ruptura de las imágenes, es una excepción histórica, apenas un par de episodios puntuales durante el Imperio bizantino. Desde las religiones más antiguas a las máquinas de propaganda de los Estados modernos, pasando por el cine, la música, la literatura o la política, el ser humano necesita imágenes, dibujos, relatos, retratos, semblantes, historias que escuchar y contar. La asombrosa capacidad de movilización de figuras como Juan Pablo II o, más recientemente, Barack Obama, dan testimonio de nuestra naturaleza humana, demasiado humana. El «agujero» de la capa de ozono nunca fue tal, un verdadero boquete en la atmósfera, pero sirvió para que la evidencia científica saltase de un oscuro artículo especializado a esa maquinaria tan poderosa que llamamos opinión pública, o mejor, conciencia ciudadana. Somos seres individuales navegando en una nave colectiva llamada Tierra. Entre la inmensidad de nuestra existencia individual y la fragilidad de nuestra vida en común, el «punto azul pálido» que retrataría la sonda espacial *Voyager*, están las razones para perseverar en una empresa que constituye, de largo, el más importante tema de nuestro tiempo: dejar a las generaciones futuras un planeta donde habitar. El mundo de mañana.

Bibliografía seleccionada

Acemoglu, Daron, y James Robinson, *El pasillo estrecho*, Deusto, Barcelona, 2019.

Arias Maldonado, Manuel, *Antropoceno: La política en la era humana*, Taurus / Penguin Random House, Barcelona, 2018.

Barnett, Harold J., y Chandler Morse, *Scarcity and Growth*, The Johns Hopkins University Press, Baltimore, MD, 1963.

Blom, Philipp, *El motín de la naturaleza*, Anagrama, Barcelona, 2019.

Buruma, Ian, *The Wages of Guilt*, Farrar, Straus & Giroux, Nueva York, 1994.

Carson, Rachel, *Silent Spring*, Houghton Mifflin Harcourt, Boston, MA, 1962. Versión castellana de Joandomènech Ros, *Primavera silenciosa*, Editorial Crítica, Barcelona, 1962.

Daly, Herman, *Steady-State Economics*, Freeman, Nueva York, 1977.

Diamandis, Peter, y Steven Kotler, *Abundance: The Future Is Better Than You Think*, Free Press, Nueva York, 2012. Versión castellana de Ricardo Artola, *Abundancia. El futuro es mejor de lo que piensas*, Antoni Bosch Editor, Barcelona, 2013.

Diamond, Jared, *Upheaval: Turning Points for Nations in Crisis*, Little, Brown and Company, Boston, MA, 2019. Versión castellana de María Serrano, *Crisis: Cómo reaccionan los países en los momentos decisivos*, Debate, Barcelona, 2019.

Ehrlich, Paul R., *The Population Bomb*, Sierra Club/Ballantine Books, Nueva York, 1968. Versión castellana de Carme Batlle, *La explosión demográfica. El principal problema ecológico*, Salvat Editores, Barcelona, 1993.

Evans, Richard J., *Death in Hamburg: Society and Politics in the Cholera Years 1830-1910*, Penguin Books, Londres, 2005.

Ferry, Luc, *The New Ecological Order*, University of Chicago Press, Chicago, IL, 1992. Versión castellana, *El nuevo orden ecológico*, Tusquets, Barcelona, 1994.

Figueres, Christiana, y Tom Rivett-Carnac, *The Future We Choose: Surviving the Climate Crisis*, Knopf, Nueva York, 2020. Versión castellana de Pablo José Hermida Lazcano, *El futuro por decidir: Cómo sobrevivir a la crisis climática*, Debate, Barcelona, 2021.

Franzen, Jonathan, *The End of The End of The Earth*, Farrar, Straus and Giroux, Nueva York, 2018. Versión castellana, *El fin del fin de la tierra*, Salamandra, Barcelona, 2019.

Fukuyama, Francis, *Identity: The Demand for Dignity and the Politics of Resentment*, Farrar, Straus and Giroux, Nueva York, 2018. Versión castellana de Antonio García Maldonado, *Identidad: La demanda de dignidad y las políticas de resentimiento*, Deusto, Barcelona, 2019.

Garicano, Luis, *El contrataque liberal*, Ediciones Península, Barcelona, 2019.

Gates, Bill, *How to Avoid a Climate Disaster: The Solutions We Have and the Breakthroughs We Need*, Knopf, Nueva York, 2021. Versión castellana de Carlos Abreu Fetter, *Cómo evitar un desastre climático: Las soluciones que ya tenemos y los avances que aún necesitamos*, Plaza & Janés, Barcelona, 2021.

Giddens, Anthony, *The Politics of Climate Change*, Polity Press, Cambridge, UK, 2009. Versión castellana de Francisco Muñoz de Bustillo; *La política del cambio climático*, Alianza Editorial, Madrid, 2010.

Gottlieb, Robert, *Forcing the Spring: The Transformation of the American Environmental Movement*, Island Press, Washington, D.C., 1993.

Guillén, Mauro, *2030: How Today's Biggest Trends Will Collide and Reshape the Future of Everything*, St. Martin's Press, Nueva York, 2020. Versión castellana de Alexandre Casanovas López, *2030: Viajando hacia el fin del mundo tal y como lo conocemos*, Deusto, Barcelona, 2020.

Hawken, Paul; Amory B. Lovins, y L. Hunter Lovins, *Natural Capitalism*, Little, Brown & Company, Boston, MA, 1999.

Henderson, Rebecca, *Reimagining Capitalism in a World on Fire*, PublicAffairs, Nueva York, 2020.

Levi, Michael, *The Power Surge: Energy, Opportunity, and the Battle for America's Future*, Oxford University Press, Oxford, 2013.

Lieven, Anatol, *Climate Change and the Nation State*, Penguin Books, Londres, 2021.

Lukianoff, Greg, y Jonathan Haidt, *The Coddling of the American Mind*, Penguin Books, Londres, 2018.

Mackay, David, *Sustainable Energy - Without the Hot Air*, UIT Cambridge Ltd., Cambridge, 2009.

Morton, Oliver, *The Planet Remade: How Geoengineering Could Change the World*, Princeton University Press, Princeton, NJ, 2016.

Nordhaus, William, *The Climate Casino: Risk, Uncertainty, and Economics for a Warming World*, Yale University Press, New Haven, CT, 2013. Versión castellana de Diego Sánchez de la Cruz, *El casino del clima: Por qué no tomar medidas contra el cambio climático conlleva riesgo y genera incertidumbre*, Deusto, Barcelona, 2019.

Pinker, Steven, *Enlightenment Now: The Case for Reason, Science, Humanism, and Progress*, Viking Books, Nueva York, 2018. Versión castellana de Pablo Hermida Lazcano, *En defensa de la Ilustración: Por la razón, la ciencia, el humanismo y el progreso*, Paidós, Barcelona, 2018.

Powell, James Lawrence, *The 2084 Report: A History of Global Warming from the Future*, Atria Books, Nueva York, 2017.

Rifkin, Jeremy, *The Hydrogen Economy: The Creation of the Worldwide Energy Web and the Redistribution of Power on Earth*, Tracher, Nueva York, 2002. Versión castellana de Ramon Vilà Vernis, *La economía del hidrógeno: La creación de la red energética mundial y la redistribución del poder en la Tierra*, Paidós, Barcelona, 2002.

—, *The Green New Deal: Why the Fossil Fuel Civilization Will Collapse by 2028, and the Bold Economic Plan to Save Life on Earth*, Nueva York, 2019. Versión castellana de Antonio Francisco Rodríguez Esteban, *El Green New Deal global: Por qué la civilización de los combustibles fósiles colapsará en torno a 2028 y el audaz plan económico para salvar la vida en la Tierra*, Planeta, Barcelona, 2019.

Shellenberger, Michael, *Apocalypse Never: Why Environmental Alarmism Hurts Us All*, Harper, Nueva York, 2020. Versión castellana de Aurora González Sanz, *No hay apocalipsis: Por qué el alarmismo medioambiental nos perjudica a todos*, Deusto, Barcelona, 2021.

Stern, Nicholas, *Why Are We Waiting*, MIT Press, Cambridge, MA, 2015.

Tsuya, Noriko O., y Larry L. Bumpass, *Marriage, Work, and Family Life in Comparative Perspective: Japan, South Korea, and the United States*, University of Hawaii Press, Honolulu, 2003.

Wallace-Wells, David, *The Uninhabitable Earth: A Story of the Future*, Crown Publishing Group, Nueva York, 2019. Versión castellana, *El planeta inhóspito: La vida después del calentamiento*, Debate, Barcelona, 2020.

Wilson, Ben, *Metropolis: A History of the City, Humankind's Greatest Invention*, Doubleday, Nueva York, 2020.

Yergin, Daniel, *The Quest: Energy, Security, and the Remaking of the Modern World*, Penguin Books, Londres, 2011.

—, *The New Map: Energy, Climate, and the Clash of Nations*, Penguin Books, Londres, 2020.

Zuboff, Shoshana, *The Age of Surveillance Capitalism: The Fight for a Human Future at the New Frontier of Power*, Profile Books, Londres, 2019. Versión castellana de Albino Santos Mosquera, *La era del capitalismo de la vigilancia: La lucha por un futuro humano frente a las nuevas fronteras del poder*, Ediciones Paidós, Barcelona, 2020.